电气防爆技术
——隔爆篇

主 编 钱 松 张小良
副主编 陈先锋 庞 磊 林献忠

国防工业出版社

·北京·

内 容 简 介

本书介绍了爆炸的形成要素、爆炸的影响因素以及防爆的基本原理,全面、深入地讲解了各类防爆电气设备的工作原理。旨在引导读者系统地掌握爆炸产生的条件及对应的防范措施,理解爆炸危险场所的分类及防爆设备选型的要求。

本书重点介绍了隔爆型电气设备的技术要求、检验要求、各主要结构的设计、安装、维修等。内容详细、可操作性强,突出了实用性。

本书可作为从事防爆相关工作的设计人员、检验人员、使用维修人员等工程技术人员培训教材,也适合高等院校安全、消防、化工等相关专业的教师、学生参考,还可供从事防爆领域的管理人员参考。

图书在版编目（CIP）数据

电气防爆技术. 隔爆篇/钱松,张小良主编. —北京:国防工业出版社,2023.6
ISBN 978-7-118-13003-4

Ⅰ.①电… Ⅱ.①钱… ②张… Ⅲ.①矿用电气设备 – 防爆电气设备 Ⅳ.①TD684

中国国家版本馆 CIP 数据核字（2023）第 112894 号

※

国防工业出版社出版发行
（北京市海淀区紫竹院南路23号　邮政编码100048）
天津嘉恒印务有限公司印刷
新华书店经售

*

开本 710×1000　1/16　印张 13½　字数 228 千字
2023 年 6 月第 1 版第 1 次印刷　印数 1—2000 册　定价 48.00 元

（本书如有印装错误,我社负责调换）

国防书店:（010）88540777　　书店传真:（010）88540776
发行业务:（010）88540717　　发行传真:（010）88540762

前言

由于工业化的迅速发展，各类工厂的数量和规模急剧扩大，特别是作为基础产业的各种化工类工厂。在这些工厂中，大量使用各种具有爆炸危险的物资，如可燃性气体、液体、粉状原料。产业发展的同时，由于设备设计、使用、维护及人员培训等多方面原因，出现了各类爆炸事故，造成了大量的人员、财产的损失，因此迫切需要提升预防爆炸的技术手段。在诸多预防手段中，安装和使用防爆电气设备是最主要的手段之一。

防爆电气设备根据防爆型式可分为隔爆型、本质安全型、增安型等。隔爆型电气设备是爆炸危险场所最常见的，其防爆性能直接影响爆炸危险场所的安全。而现实情况是，在隔爆产品的设计、研发中，由于技术人员缺乏系统的知识，往往不能合理地设计产品，甚至造成产品防爆性能不满足标准要求；检验机构也往往由于缺乏系统培训资料，检验人员培养周期长，难以在短期内胜任防爆产品检验工作，保证检验质量。现场安装、使用、维护、检查人员缺乏专业的、深入的培训，对防爆要求了解程度难以保障防爆设备的长期可靠使用。

由于防爆相关技术相对冷门，行业内主要以应用为主，研究较少，缺乏足够的学习教材，多数设计、使用方的技术人员往往只能通过自学相关的标准来学习防爆产品的技术，而缺少系统性的培训教材和体系。检验机构的人员虽然可以通过内部培训的方式获得提升，但受限于行业、专业、业务方向，系统性、规范性不强，不同机构之间对标准的执行尺度也有差异。

有感于这一状况，加上最新版本 GB/T 3836 系列的 2021 版已于 2022 年 5 月 1 日起正式实施，标准中有较多的更新。作者结合多年的工作经验和研究所得，在把握国内外本领域最新进展的同时，编写了本书。防爆产品涉及标准众多，防爆型式多样，本书为"电气防爆技术"系列图书中的第一本，着重讲解隔爆电气设备。

本书在写作过程中,参考了国内外相关文献,但限于作者水平和时间,本书尚有不足和疏漏之处,衷心希望读者给予批评和指正。

编　者

2023 年 1 月

目 录

第1章　爆炸基本概念 …………………………………………………… 1

1.1　爆炸的分类及其产生的条件 ……………………………………… 1
1.1.1　爆炸的分类 ………………………………………………… 1
1.1.2　爆炸的条件 ………………………………………………… 3

1.2　爆炸性物质分类 …………………………………………………… 5
1.2.1　爆炸性物质等级 …………………………………………… 5
1.2.2　爆炸性气体(蒸气)的分组 ………………………………… 7

1.3　爆炸理论基础 ……………………………………………………… 8
1.3.1　热反应与链式反应机理 …………………………………… 8
1.3.2　气体爆炸 …………………………………………………… 10
1.3.3　粉尘爆炸 …………………………………………………… 15

本章思考题 ……………………………………………………………… 22

第2章　防爆基本概念 …………………………………………………… 24

2.1　爆炸的预防与防护 ………………………………………………… 24
2.1.1　控制爆炸性物质 …………………………………………… 24
2.1.2　控制助燃剂浓度 …………………………………………… 25
2.1.3　控制点燃源 ………………………………………………… 26

2.2　点燃源评定及相应的防爆措施 …………………………………… 26
2.2.1　点燃源种类 ………………………………………………… 27
2.2.2　点燃源危险评定 …………………………………………… 27
2.2.3　点燃评定实例 ……………………………………………… 30

2.3　爆炸性场所的分类 ………………………………………………… 34

2.3.1　爆炸场所标准体系简介 ……………………………………… 35
　　　2.3.2　爆炸危险区域划分 …………………………………………… 36
　　　2.3.3　爆炸危险区域划分实例 ……………………………………… 37
　本章思考题 …………………………………………………………………… 40

第3章　电气防爆简介 …………………………………………………… 42

3.1　防爆型式介绍 …………………………………………………………… 42
　　　3.1.1　隔爆外壳型"d" ……………………………………………… 43
　　　3.1.2　增安型"e" …………………………………………………… 44
　　　3.1.3　本质安全型"i" ……………………………………………… 44
　　　3.1.4　正压外壳型"p" ……………………………………………… 45
　　　3.1.5　液浸型"o" …………………………………………………… 46
　　　3.1.6　充砂型"q" …………………………………………………… 46
　　　3.1.7　"n"型 ………………………………………………………… 47
　　　3.1.8　浇封型"m" …………………………………………………… 48
3.2　防爆标志的要求 ………………………………………………………… 49
　　　3.2.1　GB/T 3836 体系中用于气体环境的标志 …………………… 50
　　　3.2.2　GB/T 3836 体系中用于粉尘环境的标志 …………………… 52
3.3　防爆电气设备分类 ……………………………………………………… 53
　本章思考题 …………………………………………………………………… 56

第4章　隔爆外壳设计要求 ……………………………………………… 57

4.1　由隔爆外壳"d"保护的设备防爆原理 ………………………………… 57
4.2　隔爆型电气产品防爆结构 ……………………………………………… 61
　　　4.2.1　隔爆外壳材质要求 …………………………………………… 61
　　　4.2.2　隔爆接合面形式 ……………………………………………… 62
　　　4.2.3　隔爆接合面的基本要求 ……………………………………… 64
　　　4.2.4　门盖结构 ……………………………………………………… 65
　　　4.2.5　电缆引入装置 ………………………………………………… 66
　　　4.2.6　电缆进线方式 ………………………………………………… 67
　　　4.2.7　电气连接件 …………………………………………………… 69
4.3　隔爆外壳上其他附件 …………………………………………………… 71
　　　4.3.1　透明件(观察窗) ……………………………………………… 71

4.3.2　衬垫(包括"O"形环) ……………………………… 72
　　4.3.3　呼吸装置和排液装置 ……………………………… 73
　　4.3.4　转轴、操纵杆 ……………………………………… 73
　　4.3.5　紧固件 ……………………………………………… 73
　　4.3.6　接地连接件 ………………………………………… 74
　　4.3.7　隔爆外壳内使用的电池 …………………………… 74
4.4　"da"与"dc"保护等级的隔爆型设备 ……………………… 75
　　4.4.1　"da"保护等级 ……………………………………… 75
　　4.4.2　"dc"保护等级 ……………………………………… 77
本章思考题 ………………………………………………………… 78

第5章　隔爆结构设计　79

5.1　隔爆型电气产品防爆设计要求 ……………………………… 79
　　5.1.1　外壳结构要求 ………………………………………… 79
　　5.1.2　附件设计 ……………………………………………… 79
　　5.1.3　隔爆外壳内的压力重叠 ……………………………… 80
5.2　隔爆外壳结构设计基础 ……………………………………… 81
　　5.2.1　对外壳的基本要求 …………………………………… 81
　　5.2.2　隔爆外壳的强度计算 ………………………………… 82
5.3　有限元分析技术在隔爆产品设计中的应用 ………………… 93
5.4　平面隔爆接合面设计 ………………………………………… 97
5.5　隔爆外壳的按钮和转轴的设计 ……………………………… 101
5.6　绝缘套管的设计 ……………………………………………… 105
5.7　观察窗结构设计 ……………………………………………… 110
5.8　电缆引入装置设计 …………………………………………… 115
5.9　轻合金外壳抗冲击结构的设计 ……………………………… 121
　　5.9.1　冲击效果 ……………………………………………… 121
　　5.9.2　改进措施 ……………………………………………… 123
　　5.9.3　结论 …………………………………………………… 125
本章思考题 ………………………………………………………… 125

第6章　隔爆电气设备检验　126

6.1　隔爆产品图纸要求 …………………………………………… 126

  6.1.1 隔爆产品图纸的目的及意义 ·············· 126
  6.1.2 隔爆产品图纸送审的内容 ·············· 126
  6.1.3 送审图纸的要求 ························ 127
  6.1.4 小结 ······································ 133
6.2 由隔爆外壳保护的设备主要型式试验项目 ·············· 133
  6.2.1 最高表面温度测定 ···················· 133
  6.2.2 工作温度测定 ·························· 135
  6.2.3 抗冲击试验 ···························· 135
  6.2.4 跌落试验 ································ 137
  6.2.5 透明件热剧变试验 ···················· 138
  6.2.6 扭转试验 ································ 138
  6.2.7 夹紧、机械强度试验 ·················· 139
  6.2.8 密封、机械强度试验 ·················· 141
  6.2.9 耐压试验(型式试验) ················ 142
  6.2.10 内部点燃的不传爆试验 ············ 143
6.3 隔爆型电气设备隔爆参数测量 ·············· 143
  6.3.1 测量前的准备 ·························· 144
  6.3.2 测量的过程 ···························· 144
6.4 隔爆外壳静压试验 ································ 152
本章思考题 ·· 159

第7章　常见隔爆设备设计实例 — **160**

7.1 开关类隔爆外壳设计 ···························· 160
  7.1.1 主体结构设计 ·························· 160
  7.1.2 开盖方式设计 ·························· 162
  7.1.3 接线方式设计 ·························· 163
7.2 变频器隔爆外壳设计 ···························· 164
7.3 变压器隔爆外壳设计 ···························· 167
7.4 隔爆电机设计 ······································ 171
  7.4.1 外壳材质 ································ 172
  7.4.2 隔爆接合面设计 ······················ 173
  7.4.3 轴承结构设计 ·························· 173
  7.4.4 散热结构 ································ 174

本章思考题 ……………………………………………… 176

第8章 隔爆电气产品安装、检查、维护与修理 …… 177

8.1 隔爆电气设备的安装 ……………………………… 177
8.1.1 一般规定 ……………………………………… 177
8.1.2 隔爆型"d"的附加要求 ……………………… 178
8.1.3 灯具的安装要求 ……………………………… 179
8.1.4 由变频和调压电源供电的电机要求 ………… 179

8.2 危险场所隔爆电气设备的检查和维护 …………… 180
8.2.1 检查人员 ……………………………………… 180
8.2.2 连续监督和定期检查 ………………………… 180
8.2.3 维护要求 ……………………………………… 182
8.2.4 除本质安全型电路之外的装置 ……………… 184
8.2.5 接地和等电位连接 …………………………… 185
8.2.6 隔爆电气设备的检修 ………………………… 185

8.3 隔爆电气设备维修 ………………………………… 186
8.3.1 修理前的准备 ………………………………… 187
8.3.2 修理工作 ……………………………………… 187
8.3.3 隔爆外壳修理 ………………………………… 192
8.3.4 改造和改动 …………………………………… 194

8.4 隔爆电气设备常见安装不符合介绍 ……………… 195
8.4.1 选型不正确 …………………………………… 195
8.4.2 标识不全 ……………………………………… 196
8.4.3 进线不符合 …………………………………… 196
8.4.4 接地不规范 …………………………………… 198
8.4.5 接线不规范 …………………………………… 199
8.4.6 擅自改造、破坏 ……………………………… 200
8.4.7 设备腐蚀损坏 ………………………………… 202
8.4.8 设备维护不到位 ……………………………… 202

本章思考题 ……………………………………………… 203

参考文献 ………………………………………………… 205

第 1 章　爆炸基本概念

1.1　爆炸的分类及其产生的条件

在各类工业现场,如化工厂、制药厂、食品加工企业、金属精加工企业、煤矿井下等场所,存在着各种各样的爆炸危险物质,如易燃易爆气体、可燃液体的蒸气、可燃粉尘、瓦斯等,当这些爆炸性物质在现场聚集到足够的量时,如果不能采取有效的预防和防护措施,在一定的条件下,就可能会发生爆炸事故,导致重大的人员和财产损失。为了最大限度防止爆炸和减少爆炸带来的损失,就需要充分了解爆炸的种类及爆炸产生的必要条件,以有针对性地采取有效措施。

1.1.1　爆炸的分类

GB/T 25285.1—2021《爆炸性环境 爆炸预防和防护　第 1 部分:基本原则和方法》中给出"爆炸"的定义:爆炸是指导致温度升高和/或压力增大的剧烈氧化反应或分解反应。

爆炸是一种极为迅速的物理或化学的能量释放过程。在此过程中,空间内的物质以极快的速度把其内部所含有的能量释放出来,转变成机械功、光和热等能量形态。所以一旦失控,发生爆炸事故,就会产生巨大的破坏作用,爆炸发生破坏作用的根本原因是构成爆炸的体系内存有高压气体或在爆炸瞬间生成的高温高压气体。爆炸体系和它周围的介质之间发生急剧的压力突变是爆炸最主要的特征,这种压力差的急剧变化是产生爆炸破坏作用的直接原因。

爆炸通常可分为 3 种:物理爆炸、化学爆炸和核爆炸。

1. 物理爆炸

物理性爆炸是由物理变化(温度、体积和压力等因素)引起的,在爆炸的前后,爆炸物质的性质及化学成分均不发生改变。

例如锅炉爆炸。锅炉爆炸是典型的物理性爆炸,其原因是过热的水迅速蒸发出大量蒸汽,由于蒸汽的体积远大于同样质量液体的体积,蒸汽在密闭的锅炉内部积聚,使锅炉内部压力不断提高,当压力超过锅炉的极限强度时,就会发生爆炸。又如氧气钢瓶爆炸。氧气钢瓶受热升温,引起气体压力增高,当压力超过钢瓶的极限强度时即发生爆炸。发生物理性爆炸时,气体或蒸气等介质潜藏的能量在瞬间释放出来,造成很大的破坏和伤害。上述这些物理性爆炸是蒸气和气体膨胀力作用的瞬时表现,它们的破坏强度取决于气体或蒸气的压力。

虽然物理爆炸本身的爆炸威力相比化学爆炸的威力较小,但是初次物理爆炸后会破坏现场的管路、容器、储罐等设施,导致爆炸性危险物质泄漏,与现场的高温表面、明火、机电火花等接触,容易引起二次的化学爆炸,因此在工业现场需要采取足够的安全措施,如保持安全距离、控制爆炸能量释放方向等,防止发生此类二次爆炸。

2. 化学爆炸

化学爆炸是由化学变化引起的。化学爆炸的物质无论是可燃物质(气体或粉尘)与空气混合而成的爆炸性混合物,还是爆炸物品(如炸药),都是一种相对不稳定的系统,在外界一定强度的能量作用下,能引起剧烈的放热反应,产生高温高压和冲击波,从而引起强烈的破坏作用。爆炸物品与爆炸性混合物的爆炸有下列特点:

(1)爆炸的反应速度非常快。爆炸物品的爆炸反应一般在 $10^{-5} \sim 10^{-6}$ s 内完成,爆炸传播速度(简称爆速)一般在 2000~9000m/s。由于反应速度极快,瞬间释放出的能量来不及散失而高度集中,所以有极大的破坏作用。爆炸性混合物爆炸时的反应速度比爆炸物品的爆炸速度要慢得多,通常都在数百分之一秒至数十秒内完成,所以爆炸功率要小得多,并且传播速度也小于爆炸性物质,但远超物理爆炸。

(2)反应放出大量的热。爆炸物品爆炸时反应热一般为 2900~6300kJ/kg,可产生 2400~3400℃的高温。气态产物依靠反应热被加热到数千摄氏度,在爆炸核心区域,压力可达数万兆帕,能量最后转化为机械功,使周围介质受到压缩或破坏。爆炸性混合物爆炸后,也有大量热量产生,但温度要低于爆炸物品的产物。

(3)反应生成大量的气体产物。1kg 炸药爆炸时能产生 700~1000L 气体,由于反应热的作用,气体急剧膨胀,但又处于压缩状态,极大的爆炸压力形成强大的冲击波使周围介质受到严重破坏。爆炸性混合物爆炸虽然也放出气体产物，但是相对来说气体量较少，而且因爆炸速度较慢，压力很少超过 2MPa。

虽然爆炸物品的爆炸威力远大于爆炸性混合物，但是由于爆炸物品严格受控，在一般的工业现场不太可能大量存在，而各类爆炸性混合物广泛地存在于工业现场，因此本书着重介绍爆炸性混合物，尤其是气体混合物的爆炸情况。

3. 核爆炸

核爆炸是剧烈核反应中能量迅速释放的结果，可能是由核裂变、核聚变或这两者的多级串联组合所引发的。由于这种爆炸需要高浓度的核反应物质，普通工业现场不会有这类危险，加以这种爆炸一旦发生，威力极大，普通防爆措施根本无效，因此，不在本书讨论的范围内。

1.1.2 爆炸的条件

化学爆炸本质上是可燃性物质在有氧气的环境中被点燃后发生剧烈的氧化反应，因此，一次爆炸需要足够的可燃性/爆炸性物质、足够的助燃剂（典型的如氧气，后文为了简便起见，均以氧气为代表），以及有效的点燃源，只有这些条件结合到一起，才能发生爆炸。这 3 个要素可以用图 1-1 所示的三角形表示。

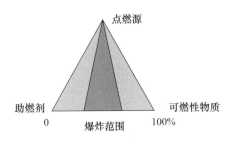

图 1-1 爆炸三要素

1. 足够的可燃性/爆炸性物质

爆炸需要有可燃性/爆炸性物质（在不同文献标准中，名称往往不一样，但所指相同，后文不再区分）才能产生，但不是任何量的爆炸性物质都能爆炸，如果环境中爆炸性物质过少，起始的点燃火焰产生的能量无法在火焰熄灭前将周围爆炸性物质点燃，使火焰无法持续传播，从而不能引起爆炸，这个最低的浓度就是爆炸下限；而爆炸性物质过多，导致空气中氧气等助燃剂含量不高，起始的点燃火焰产生后，迅速将环境中的氧气消耗掉，周围的爆炸性物质无法得到充足的氧气而不能产生氧化反应，也无法爆炸，这个最高的浓度就是爆炸上限；爆炸下限和爆炸上限之间就是爆炸性物质的爆炸范围，只有爆炸性物质的浓度处于爆炸极限内，被点燃后才会爆炸。表1-1简单列出了常见的爆炸性气体的爆炸极限，其余物质的爆炸性极限可以从GB/T 3836.11—2022《爆炸性环境 第11部分：气体和蒸气物质特性分类 试验方法和数据》以及其他标准或参考资料查询得到，本书由于篇幅原因不详细介绍。需要说明的是，由于测试方法、条件的差异，不同文献资料中物质的爆炸极限范围并不相同，本书采用GB/T3836系列标准中数据。

表1-1 常见的爆炸性气体的爆炸极限

序号	物质名称	分子式	爆炸极限(体积分数)/%	
			下限	上限
1	甲烷	CH_4	4.4	17.0
2	丙烷	C_3H_8	1.7	10.9
3	乙烯	C_2H_4	2.3	36.0
4	氢气	H_2	4.0	77.0
5	乙炔	C_2H_2	2.3	100

2. 足够的助燃剂

爆炸是一种强烈的燃烧反应，需要大量的助燃剂参与其中，如果环境中的氧气等助燃剂含量过低，爆炸性物质在起始的点燃时即将氧气消耗殆尽，剩余的爆炸性物质由于缺乏氧气而无法继续燃烧，从而无法产生爆炸。相反，如果环境中氧气充足，例如在纯氧环境中，爆炸性物质的爆炸极限将会变宽，即爆炸下限更低，只需要更少的爆炸性物质就能引起爆炸；爆炸上限更高，能让更多的爆炸性物质参与到反应中。因此，在安全生产管理中，应当避免存放可燃性物质的场所内有富氧条件，例如爆炸性气体的钢瓶不得与氧气瓶混放。

3. 有效的点燃源

通常情况下，环境中即使存在足够爆炸性物质和足够氧气时，也不会立即爆炸，需要外部的点燃源激发爆炸性物质和氧气的反应，反应过程迅速向点燃源周围的爆炸性环境扩散，形成爆炸。爆炸性物质可以被多种点燃源点燃而引起爆炸，这些点燃源包括电气火花、高温表面、机械火花、明火、光辐射、电磁波等，但并不是只要有点燃源就能点燃，例如电弧放电，当其能量很小时，不能产生足够强的高温电弧，无法点燃爆炸性物质；热表面温度未达到爆炸性物质的最低点燃温度时，无法点燃，或者热表面的表面积太小，其向环境中释放热量的速度小于其周围爆炸性物质向外传递热量的速度，即使其温度高于爆炸性物质的点燃温度,爆炸性物质由于热量流失过快,同样无法被点燃。因此,在爆炸性环境中,具有点燃能力的点燃源才是有效点燃源,但是对于那些不具有点燃能力的潜在点燃源,我们也应采取足够的措施,避免使其成为有效点燃源,达到物质的最小点燃能量,或者避免其与爆炸性环境接触,例如保持电气设备表面的良好通风,避免热量积聚产生过高温度。

针对爆炸产生的特点,根据实际情况分别采取不同的措施,减少或降低爆炸性物质释放,避免产生或形成爆炸性环境,避免产生有效点燃源,避免点燃源与爆炸性环境接触,减小爆炸产生的危害,从而达到防爆的目的。

1.2 爆炸性物质分类

1.2.1 爆炸性物质等级

由于爆炸性物质的点燃特性不同,为了合理地兼顾安全与成本,各个防爆相关的标准体系中均对爆炸性物质进行了分类与分组,便于合理选用不同安全等级的设备。在我国标准中,爆炸性物质可分为各类爆炸性的气体、蒸气、纤维、粉尘等。

具体分类如下:

Ⅰ类气体为煤矿瓦斯气体。煤矿井下由于存在瓦斯和煤尘,成分复杂,无法详细地分析其组成部分,因此将其单独划为Ⅰ类,不再继续细分。用于Ⅰ类环境的防爆型式考虑了甲烷和煤粉的点燃,以及地下用设备增加的物理保护措施。用于煤矿的设备,当其环境中除甲烷外还可能含有其他爆炸性气体时,应按照Ⅰ类和Ⅱ类相应可燃性气体的要求进行制造和试验。

Ⅱ类气体为除煤矿甲烷气体之外的其他爆炸性气体。

Ⅱ类气体按照其拟使用的爆炸性气体的特性可进一步分类:

① ⅡA类:代表性气体是丙烷;

② ⅡB类:代表性气体是乙烯;

③ ⅡC类:代表性气体是氢气和乙炔。

以上再分类的依据是可能安装设备的爆炸性气体环境的最大试验安全间隙(MESG)或最小点燃电流比(MICR)(见 GB/T 3836.11)。

对设备外部非金属材料,再分类是基于外表面区域静电放电风险的。

标志ⅡB类的设备可适用于ⅡA类设备的使用条件,标志ⅡC类的设备可适用于ⅡA类和ⅡB类设备的使用条件。

最大试验安全间隙(MESG)是依据GB/T 3836.11—2022《爆炸性环境 第11部分:气体或蒸气物质特性分类 试验方法和数据》,在标准规定试验条件下,对于各种浓度的气体或蒸气与空气的混合物,在内部点燃时,能够防止内部气体混合物的点燃通过25mm长的火焰通路,此时内部空腔接合面之间的最大间隙。最小点燃电流比(MICR)是各种气体或蒸气的最小点燃电流(MIC)与甲烷的最小点燃电流之比,测定的装置应符合GB/T 3836.4规定的火花点燃装置。MESG通常用于隔爆产品分级,而MICR则用于本质安全型产品的分级,具体见表1-2。

表1-2 MESG与MICR

分级	MESG/mm	MICR
ⅡA	MESG>0.9	MICR>0.8
ⅡB	0.5≤MESG≤0.9	0.45≤MICR≤0.8
ⅡC	MESG<0.5	MICR<0.45

由于MESG和MICR之间在点燃能量上存在着对数关系[$MESG(mm) = 0.022 \times MIC^{0.87}(mA)$],所以,大多数气体/蒸气在判定级别时,只需上述一种方法即可。当0.50mm<MESG<0.55mm时,需要同时测定MESG和MICR,然后由MICR确定类别。当0.70<MICR<0.90或0.40<MICR<0.50时,需同时测定MESG和MICR,然后由MESG确定类别。

Ⅲ类物质是除煤矿以外的爆炸性粉尘。

Ⅲ类物质按照其拟使用的爆炸性粉尘环境的特性可进一步分类:

①ⅢA类:可燃性飞絮;

②ⅢB类:非导电性粉尘;

③ⅢC类:导电性粉尘。

标志ⅢB类的设备可适用于ⅢA类设备的使用条件,标志ⅢC类的设备可适用于ⅢA类或ⅢB类设备的使用条件。

如果设备只用于某一特定的爆炸性气体环境,可在此气体环境中进行相关试验,相关信息应当记录在防爆合格证中,并在设备上相应地标注。

我国的国家标准GB/T 3836、国际电工委员会IEC标准和欧洲EN标准等均采用上述的分级方法。美国NEC500标准却不相同,不过也可以基本对照,详见表1-3。

表 1-3 爆炸危险物质分级对照表

爆炸性物质分级		代表性物质	点燃难易程度
GB/T 3836、IEC 60079、EN 60079、NEC 505	NEC 500		
Ⅰ 类	—	瓦斯(甲烷)	难 ↓ 易
Ⅱ 类 — Ⅱ A	Class Ⅰ Group D	丙烷	
Ⅱ 类 — Ⅱ B	Class Ⅰ Group C	乙烯	
Ⅱ 类 — Ⅱ C	Class Ⅰ Group B	氢气	
	Class Ⅰ Group A	乙炔	
Ⅲ — Ⅲ A	Class Ⅲ	可燃性飞絮	—
Ⅲ — Ⅲ B	Class Ⅱ Group G	非导电尘	
Ⅲ — Ⅲ C(导电尘)	Class Ⅱ Group F	含碳尘	
	Class Ⅱ Group E	金属尘	

1.2.2 爆炸性气体(蒸气)的分组

爆炸性物质除能被电气火花点燃外,还能被高温表面点燃,不同的爆炸性气体/蒸气,其最低点燃温度也不同,根据所用环境中爆炸性物质的特性,限制点燃物体的表面温度,是防止爆炸的重要措施之一。由于爆炸性物质的最低点燃能量或最小点燃电流与最低点燃温度之间并无对应关系,因此还应根据爆炸性物质的最低点燃温度进行分组。由于可燃性粉尘受粒径、湿度等各类因素影响明显,无明显的分组分布,因此,可燃性粉尘环境用防爆电气设备通常标明设备在不同粉尘层覆盖情况下所能达到的具体最高表面温度值,而不进行分组。

各种气体或蒸气点燃温度的测定是在标准的试验环境、设备和方法下进行的,根据测试结果,可以将各种气体或蒸气的点燃温度确定,从而为分组提供依据,详细测试方法可以参考 GB/T 3836.11。我国标准和 IEC 标准中,通常将爆炸性气体温度分成 T1~T6 这 6 个组别,而在北美地区,则对部分组别进行了进一步的细分,详见表 1-4。

表 1-4 温度组别和自燃温度(AIT)对照表

GB/T 3836、IEC 60079、EN 60079、NEC 505		NEC 500	
温度组别	自燃温度范围/℃	温度组别	自燃温度范围/℃
T1	AIT > 450	T1	AIT > 450

续表

GB/T 3836、IEC 60079、EN 60079、NEC 505		NEC 500	
温度组别	自燃温度范围/℃	温度组别	自燃温度范围/℃
T2	450≥AIT>300	T2	450≥AIT>300
		T2A	300≥AIT>280
		T2B	280≥AIT>260
		T2C	260≥AIT>230
		T2D	230≥AIT>215
T3	300≥AIT>200	T3	215≥AIT>200
		T3A	200≥AIT>180
		T3B	180≥AIT>165
		T3C	165≥AIT>160
T4	200≥AIT>135	T4	160≥AIT>135
		T4A	135≥AIT>120
T5	135≥AIT>100	T5	120≥AIT>100
T6	100≥AIT>85	T6	100≥AIT>85

注：对于用于煤矿井下的Ⅰ类电气设备有：①当电气设备表面可能堆积煤尘时，最高表面温度不应超过150℃；当电气设备表面不会堆积煤尘时（如防粉尘外壳内部），最高表面温度不应超过450℃。此外，当用户选用Ⅰ类电气设备时，如果温度超过150℃的设备表面上可能堆积煤尘，则应考虑煤尘的影响及其闷燃温度。

在各个爆炸危险场所，往往存在多种爆炸性物质，在对现场进行风险分析、区域划分时，需要充分了解各种物质的点燃特性，考虑最易被点燃的参数，采取有针对性的措施，才能保障现场安全。

1.3　爆炸理论基础

1.3.1　热反应与链式反应机理

可燃气体、蒸气或粉尘预先与空气均匀混合并达到爆炸极限，这种混合物称为爆炸性混合物。爆炸往往伴随燃烧的发生，所以，长期以来燃烧理论的观点认为：当燃烧在一定空间内进行，如果散热不良，持续的热积累会使反应系统温度不断提高，从而促进反应加速，如此循环进展而导致爆炸的发生，亦即爆炸是由反应的热效应引起的，因而被称为热爆炸。但在另一种情况下，爆炸现象不能简单归因于热效应，如氢和溴的混合物在较低温度下发生爆炸，其反应式为

$$H_2 + Br_2 = 2HBr + 3.5 kJ/mol$$

该反应进程的反应热仅为 3.5kJ/mol。因此，有些爆炸现象需要用化学动力学的观点加以说明，其原因不是简单的热效应，而是链式反应的结果。根据链式反应理论，爆炸性混合物与点火源接触，就会产生活性分子或成为连锁反应的活性中心。爆炸性混合物在某点被点燃后，热量及活性中心不断向外传播，促使邻近的一层混合物起化学反应，然后这一层又成为热量及活性中心的源泉而引起另一层混合物的反应，如此循环地持续进行，直至全部爆炸性混合物反应完全。链式反应的全过程可分为链引发、链传递、链终止 3 个过程。爆炸发生时，火焰逐层向外传播，在没有界线物包围的爆炸性混合物中，火焰是以一层层同心圆球面的形式向各方向蔓延。火焰传播速度在距离着火点 0.5~1m 处仅为每秒若干米，后续火焰速度逐渐增加，最后可达每秒数百米。若火焰传播过程中遇障碍物，由于混合物的温度和压力剧增，会对障碍物造成极大的破坏。

链式反应有直链反应和支链反应两种，下面以氢和氧的链式反应为例。氢和氧的连锁反应属于支链反应，它的特点是在反应中一个游离基（活性中心）能生成一个以上的游离基，例如：

$$H\cdot + O_2 = OH\cdot + O\cdot$$
$$O\cdot + H_2 = OH\cdot + H\cdot$$

于是反应链就会分支。在链增长（即反应中游离自由基增多）的情况下，如果与之同时发生的自由基销毁的速度较低，则游离基的数目增多，反应链的数目也会相应增加，反应速度随之加快，这样继续增加更多的游离基，如此循环加速反应，最终导致爆炸的发生。

连锁反应速度 v 可用下式表示：

$$v = \frac{F(c)}{f_s + f_c + A(1-a)} \quad (1-1)$$

式中：$F(c)$ 为反应物浓度函数；f_s 为链反应在器壁上的销毁因数；f_c 为链反应在气相中的销毁因数；A 为与反应物浓度有关的函数；a 为链的分支，在直链反应中 $a=1$，支链反应中 $a>1$。

根据链式反应理论，增加混合物温度可使连锁反应的速度加快，使因热运动而生成的游离基数量增加。在某一温度下，连锁的分支数超过中断数，这时反应便可以加速并达到混合物自行着火的反应速度，可认为气体混合物自行着火的条件是链式反应的分支数大于中断数。当连锁反应分支数超过中断数时，即使混合物的温度保持不变，仍可导致自行着火。在一定条件下，如当 $f_s + f_c + A(1-a) \to 0$，就会发生爆炸。

综上所述,爆炸性混合物发生爆炸有热反应和链式反应两种不同的机理。至于在什么情况下发生热反应、什么情况下发生链式反应,需根据具体情况而定。另外,同一爆炸性混合物在不同条件下其爆炸发生机理有时也会有所不同。

1.3.2 气体爆炸

1. 气体燃烧形式

气体的燃烧与液体和固体的燃烧不同,它不需要经过蒸发、熔化等过程,气体在正常状态下就具备燃烧条件,所以比液体和固体都更容易燃烧,气体燃烧有扩散燃烧和预混燃烧两种形式。

1)扩散燃烧

如果可燃气体与空气的混合是在燃烧过程中进行的,则发生稳定式的燃烧,称为扩散燃烧,该类燃烧无传播性。图1-2所示为扩散燃烧火焰结构,可燃气体和氧气是分别从火焰中心(燃料锥)和空气扩散到达扩散区的。这种燃烧形式的燃烧速度很低,一般小于0.5m/s;由于可燃气体与空气是逐渐混合并燃烧消耗掉的,因而可形成稳定式的燃烧,只要控制得当,就不会造成火灾和爆炸。除火炬燃烧外,气焊的火焰、燃气加热等也属于扩散燃烧。

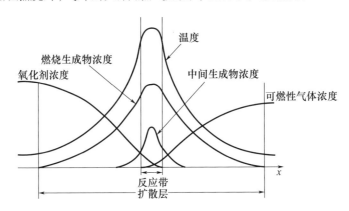

图1-2 扩散燃烧火焰结构

2)预混燃烧

如果可燃气体与空气是在燃烧之前按一定比例均匀混合的,形成预混气,遇火源则发生爆炸式燃烧,称为预混燃烧,也称动力燃烧,该类燃烧具有传播性。图1-3所示为预混燃烧火焰结构,在预混气空间里,当预热区内气体的温度和浓度达到最低点火温度和爆炸极限时,整个空间发生瞬间燃烧,即爆炸现象。

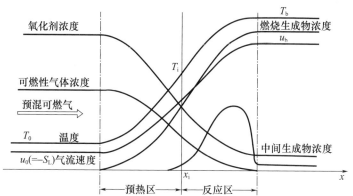

T_b—燃烧生成物温度;T_i—着火温度;T_0—初始温度;u_b—燃烧生成物速度;
u_0—气流速度;X—轴向距离;X_i—着火位置;S_L—层流燃烧速度。

图1-3 预混燃烧火焰结构

2. 气体爆炸火焰传播与压力上升

可燃气体爆炸过程是非常复杂的,一是空间的几何形状不一定是规则的,二是空间内一般都有各类障碍物,即使不存在障碍物的扰动作用,水力学不稳定性、热-扩散不稳定性、瑞利-泰勒(Rayleigh-Taylor)不稳定性、开尔文-亥姆霍兹(Kelvin-Helmoltz)不稳定性和重力不稳定性等都可对火焰和压力波的传播起到加速作用,如图1-4所示。

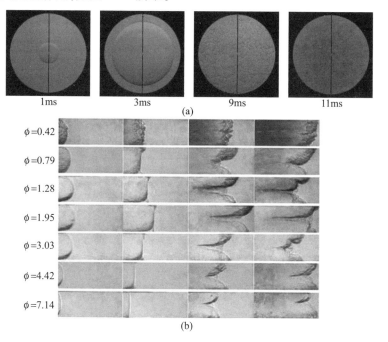

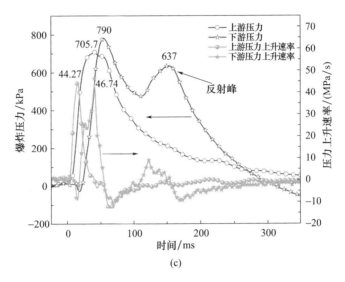

图 1-4 气体爆炸火焰传播

(a)定容燃烧弹内氢-空气预混气爆炸火焰传播;(b)密闭管道内不同当量比氢-空气爆炸火焰;
(c)气密闭管道内甲烷-氢气混合爆炸压力行为。

3. 气体爆炸强度的影响因素

1) 可燃气体浓度

可燃气体都有爆炸极限,预混气浓度越接近爆炸下限或上限,燃烧速率、最大爆炸压力 p_m、最大压力上升速率 $\left(\dfrac{dp}{dt}\right)_m$ 和爆炸指数 K_G 越低。图 1-5 所示为可燃气体浓度 y 对最大爆炸压力和最大压力上升速度的影响。每种气体都有一个产生最大爆炸威力的最危险浓度。这个浓度一般高于化学计量浓度 10%~20%,极端情况会高出 80%。

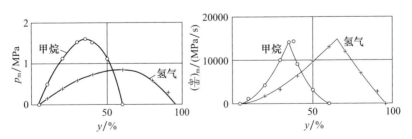

图 1-5 甲烷、氢气最大爆炸压力 p_m 及最大压力上升速率 $\left(\dfrac{dp}{dt}\right)_m$ 随浓度 y 变化规律

2) 初始温度

对于定量的混合气来说,初始温度对爆炸强度有两方面的影响。一方面,初始温度升高,则初始压力 p_0 就升高,从而引起爆炸强度升高;另一方面,初始温度升高,燃烧热值有所降低,从而引起爆炸强度降低。图 1-6 反映了初始温度对爆炸压力 p_1 和压力上升速率 dp/dt 的影响,右图中 B 为线性爆炸系数,右图中编号 4 和 5 的试验装置为球形爆炸装置。

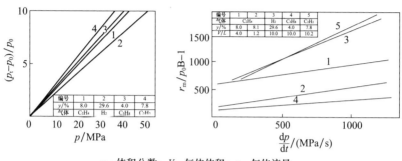

y—体积分数;V—气体体积;q—气体流量。

图 1-6 初始温度对爆炸压力 p 和压力上升速率 $\dfrac{dp}{dt}$ 的影响

3) 初始压力

初始压力对容器内可燃气体爆炸强度也有很大影响。初始压力越高,空间内可燃物质的量越多,爆炸后释放的能量越多,爆炸强度越大。图 1-7 显示出丙烷-空气爆炸时初始压力对最大爆炸压力和最大爆炸压力上升速率的影响。可见,最大爆炸强度与初始压力成正比。

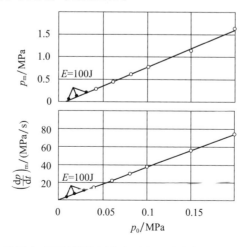

图 1-7 初始压力对丙烷爆炸压力和压力上升速率的影响(E 为点火能)

4) 湍流强度

可燃气体在爆炸前经常处于湍流状态。即使在爆炸前处于静止状态,如果爆炸过程中遇到约束物(障碍物)也会产生扰动,火焰传播状态由层流向湍流发生转变,火焰面进而增大,爆炸强度提高。图1-8反映了湍流对甲烷爆炸最大爆炸压力和最大爆炸压力上升速率的影响,可见,湍流会使最大爆炸压力上升速率大大增加。这是因为湍流使燃烧速率增加。从能量平衡的角度出发,湍流不应该引起爆炸压力升高,但实验结果是爆炸压力略有增加,这也是因为湍流条件下燃烧速率大大增加,从而大大缩短了燃烧时间,使热损失减小。事实上,容器内障碍物越密集、几何形状越复杂,爆炸威力越大。

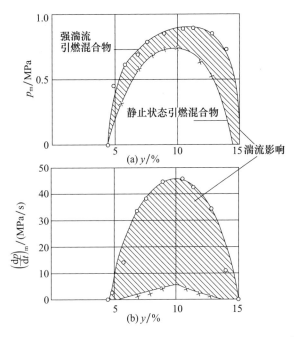

图1-8 湍流对甲烷爆炸的最大爆炸压力(a)和最大爆炸压力上升速率(b)的影响

5) 点火能力及点火位置

点火位置不同可以引起爆炸强度的变化。图1-9显示点火位置对甲烷爆炸压力-时间曲线的影响。可见,在容器中心点火比在容器边缘点火产生的压力上升速率大。

6) 容器几何结构影响

图1-10(a)是几何结构相似的3个容器内甲烷-空气最大爆炸压力p_m-时间t曲线,图1-10(b)是不同容器内甲烷-空气爆炸的最大爆炸压力上升速

率 $\left(\dfrac{\mathrm{d}p}{\mathrm{d}t}\right)_\mathrm{m}$ 与爆炸容器容积 V 的立方根的倒数 $\dfrac{1}{V^{1/3}}$ 之间的关系。可见，V 对 p_m 没有影响，但对 $\left(\dfrac{\mathrm{d}p}{\mathrm{d}t}\right)_\mathrm{m}$ 影响极大。

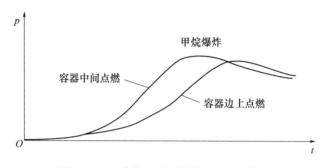

图 1-9　点火位置对甲烷爆炸压力的影响

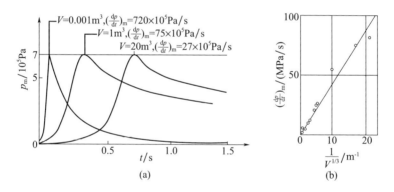

图 1-10　容器几何结构对 p_m 及 $\left(\dfrac{\mathrm{d}p}{\mathrm{d}t}\right)_\mathrm{m}$ 的影响

1.3.3　粉尘爆炸

粉尘爆炸是粉尘在爆炸极限范围内，遇到热源（明火或高温表面等），形成火焰并瞬间传播至易燃粉尘散布空间，同时释放大量热，产生高温和爆燃超压导致破坏效应的现象。

1. 粉尘云的引燃

1）粉尘爆炸下限

合适的粉尘浓度是粉尘爆炸发生的必要条件，通常情况下，粉尘的浓度以悬浮粒子质量与空气体积之比表示。一般工业粉尘的爆炸下限为 20~60g/m³，爆炸上限为 2000~6000g/m³。然而，粉尘的爆炸浓度与气体爆炸浓度有本质的差别。一方面,气体与空气很容易形成均匀混合物,而粉尘由于自身重力容易下沉。对于粉体料仓而言,底部可能堆积有大量粉尘,只有上部才有粉尘悬浮于空气中,即粉尘爆炸的下限浓度只能考虑悬浮粉尘与空气之比。另一方面,由于悬浮在空气中的粉尘,在重力场和外界扰动的共同作用下,其浓度随时间和空间不断地变化着,而且即使在某一时刻,系统中大部分区域内的粉尘浓度在爆炸范围以外,在某一很小区域内的浓度也很可能进入爆炸范围。而一旦在小范围内发生爆炸,就会产生很大扰动,如图1-11所示,从而改变系统中的粉尘浓度,引起整个系统内的爆炸。因此,只要存在一定量的具有足够分散度的可燃粉尘,无论它是处于悬浮状态或者部分的(或全部的)沉积状态,就不能低估其爆炸的可能性。从这种意义上讲,粉尘爆炸不存在爆炸上限。粉尘爆炸下限越低,爆炸危险性越大,表1-5所示为常见粉尘的爆炸下限。

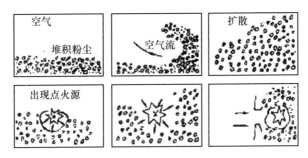

图1-11 粉尘爆炸发展过程示意图

表1-5 常见粉尘爆炸下限

粉尘种类	粉尘	爆炸下极限/(g/m³)	粉尘种类	粉尘	爆炸下极限/(g/m³)
金属	钼	35	热塑性塑料	缩乙醛	35
	锑	420		醇酸	155
	锌	500		乙基纤维素	20
	锆	40		合成橡胶	30
	硅	160		醋酸纤维素	35
	钛	45		尼龙	30
	铁	120		丙酸纤维素	25
	钒	220		聚丙烯酰胺	40
	硅铁合金	425		聚丙烯腈	25

续表

粉尘种类	粉尘	爆炸下极限/(g/m³)	粉尘种类	粉尘	爆炸下极限/(g/m³)
金属	镁	20	热塑性塑料	聚乙烯	20
	镁铝合金	50		聚对苯二甲酸乙酯	40
	锰	210		聚醋酸乙烯酯	40
热固性塑料	绝缘胶木	30		聚苯乙烯	20
	环氧树脂	20		聚丙烯	20
	酚甲酰胺	25		聚乙烯醇	35
	酚糠醛	25		甲基纤维素	30
塑料一次原料	己二酸	35		木质素	65
	酪蛋白	45		松香	55
	对苯二酸	50	农产品及其他	玉米淀粉	45
	多聚甲醛	40		大豆	40
	对羧基苯甲醛	20		小麦	60
塑料填充剂	软木	35		花生壳	85
	纤维素絮凝物	55		砂糖	19
	棉花絮凝物	50		煤炭(沥青)	35
	木屑	40		肥皂	45

2)粉尘最低点火温度

粉尘最低点火温度是粉尘爆炸中的重要特性参数,包括粉尘云最低点火温度和粉尘层最低点火温度。两者在概念上和实验室测试方法上及工业环境中的应用均有所不同。粉尘层是指沉积状态的静止粉尘。粉尘层最低点火温度是指能够引燃一定厚度的粉尘层并维持火焰传播的最低温度。粉尘层最低点火温度的实验室测试,大多采用美国矿务局的烘箱实验和德国的热板实验,其中热板实验作为一种标准方法被国际电工委员会(IEC)所采纳。粉尘云是指弥散在空气中的运动着的粉尘,又称悬浮粉尘。粉尘云最低点火温度是指能够引燃粉尘云并维持火焰传播的最低温度。关于粉尘云最低点火温度的测试装置和测试方法,美国一直采用 G-G(Godbert-Greenwald)炉测定粉尘云的最低点火温度;在德国,采用水平结构的 BAM 炉来测定。国际电工委员会家用和类似用途电器安全标准工作组认为用 G-G 炉来测定比较合理,并作了改进。IEC规定,改进后的 G-G 炉将作为粉尘云的标准测试装置。一般认为 G-G 炉测出的结果能够很好地反映实际情况。粉尘云和粉尘层的最低点火温度有各自确定的意义,因而它们不能相互取代,但两者均能表明粉尘在热环境下的着火特性,在对粉尘爆炸危险性评估和分级时,最低点火温度通常取两者当中较低的一个数值,表1-6所示为常见粉尘的最低点火温度。

表1-6 常见粉尘的最低点火温度

名称	粉尘云引燃温度/℃	粉尘层引燃温度/℃	名称	粉尘云引燃温度/℃	粉尘层引燃温度/℃
镁粉	480	>450	铝粉	560	>450
铝铁合金粉	820	>450	钙铝合金粉	600	>450
铜硅合金粉	690	305	硅粉	>850	>450
锌粉	510	>400	钛粉	375	290
镁合金粉	560	>450	硅铁合金粉	670	>450
玉米淀粉	460	435	大米淀粉	530	420
小麦淀粉	520	>450	果糖粉	430	熔化
果胶酶粉	510	>450	土豆淀粉	530	570
小麦粉	470	>450	大豆粉	500	450
奶粉	450	320	乳糖粉	450	>450
饲料	450	350	鱼骨粉	530	—
血粉	650	>450	烟叶粉尘	470	280
木粉	480	310	纸浆粉	520	410
甲基纤维	410	450	亚麻	440	230
棉花	560	350	树脂粉	470	>450
橡胶粉	500	230	褐煤粉尘	380	225
硫黄	280	—	过氧化物	>850	380
染料	480	熔化	静电粉末涂料	480	>400
调色剂	530	熔化	萘	660	>450
硬脂酸铅	600	>450	乳化剂	430	390

3) 粉尘最小点火能

粉尘的点火原因有很多,大致可归纳成以下几种:自燃着火、热表面加热、电器热丝加热、静电火花放电、机械冲击和摩擦及爆炸波的引发。其中静电火花放电是最常见的引燃形式。而对于粉尘本身,大多数粉尘都带有静电,尤其是许多工厂在工艺操作过程中产生了大量粉尘云,其中积蓄的静电一旦放出,便会产生静电火花,虽然这些火花具有足够引起气体爆炸的能力,但是它们能否引起粉尘着火尚待研究。粉尘的着火能量可以利用火花放电的方法来测定，表1-7所示为常见粉尘的最小点火能。

表1-7 常见粉尘的最小点火能

名称	粉尘云最小点火能/mJ	粉尘层最小点火能/mJ	名称	粉尘云最小点火能/mJ	粉尘层最小点火能/mJ
苜蓿	320	—	丙烯醇树脂	20	80
铝	10	1.6	硬脂酸铝	10	40
阿司匹林	25	160	硼	60	—
棉花纤维	60	—	醋酸纤维	10	—
烟煤	60	560	可可	100	—
玉米淀粉	30	—	软木	35	—
铁锰合金	80	8	沥青	25	4
谷物	30	—	铁	20	7
镁	20	0.27	锰	80	3.2
酚醛树脂	10	40	聚乙烯	30	—
聚苯乙烯	10	—	硅	80	2.4
大豆	50	40	硫	15	1.6
钛	10	0.008	锌	100	400
锆	5	0.0004			

2. 粉尘爆炸火焰传播机理

粉尘爆炸的易发性、偶然性和强破坏性等特征，源于粉尘爆炸火焰传播过程的复杂性。相比气体爆炸火焰传播，粉尘爆炸火焰传播集中在固相粒子、热解气化可燃气体及液化粒子共存的异相体系中进行，悬浮于空气中的粒子历经受热、热解/气化、与氧化剂混合、点燃、燃烧及熄灭的动力学过程，这决定了粉尘爆炸火焰传播过程为非稳态传播且易受多种因素的影响，如粒子的理化特性、粒径、形状、浓度、含湿量、氧浓度、初始压力及湍流强度等，不同类型的粒子其火焰传播机理是不同的。

1) 煤尘爆炸火焰传播机理

煤尘爆炸火焰传播过程如图1-12所示。

(1) 接受火源能量的煤粉粒子表面温度迅速升高，使其迅速地分解或干馏，产生的可燃气释放到粒子的周围气相中；

(2) 可燃气体与空气的混合物随后被火源引燃而发生有焰燃烧，这种燃烧开

始通常在局部产生,其燃烧热通过辐射传递和对流传递使火焰传播、扩散下去;

(3)火焰在传播过程中,产生的热量促使越来越多的煤尘粒子分解或干馏,释放出越来越多的可燃气体,使燃烧循环逐次地加快进行,最终导致粉尘爆炸。

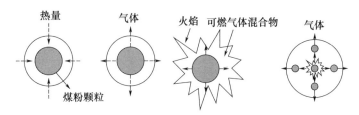

图1-12　煤粉火焰传播过程

2)有机粉尘爆炸火焰传播机理

以硬脂酸为例,介绍有机粉尘爆炸火焰传播机理:脂酸粒子首先在预热区内受热分解,热解起始温度为160℃;在热解的初始阶段,硬脂酸粒子脱羧基形成N-十七烷,随着温度的进一步升高,裂解形成小分子的烷烃和烯烃,而温度的高低和热解时间的长短决定了热解产物的组分。在粉尘爆炸过程中,火焰传播速度较快且热解时间极短,因而热解的产物多为低碳小分子的烷烃、烯烃及芳香族化合物。当粉尘云中小粒径粉尘达到一定的质量分数时,完全热解、气化形成的小分子烷烃、烯烃和芳香烃燃烧所释放的热量足以在火焰前锋到达预热区前使大粒径粉尘完全热解气化,形成类似于预混燃烧的均相燃烧体系,如图1-13(a)所示。而当小粒径粉尘质量分数较小时,小粒径粉尘热解、气化产

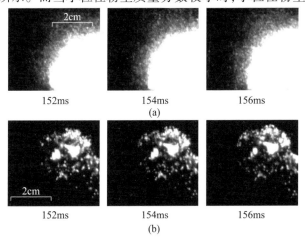

图1-13　硬脂酸粉尘爆炸火焰传播过程
(a)均相燃烧体系;(b)非均相燃烧体系。

生有限的小分子产物,其反应所释放的热量不足以在火焰前锋到达预热区前使大粒径粉尘完全热解气化,而是以一种边热解、气化,边扩散,边燃烧的形式,形成局部预混燃烧和扩散燃烧共存的非均相燃烧体系,如图1-13(b)所示。

3) 金属粉尘爆炸火焰传播机理

对于重金属铁粒子,燃烧区域由燃烧着的高温铁粒子发光形成的亮点组成,燃烧着的铁粒子周围没有气相火焰,各个发光点之间是不连续的。火焰呈球形传播,火焰前缘光滑清晰,燃烧区宽度为3~5mm。火焰传播速度及火焰温度随粒子浓度的变化而变化,小粒径粒子粉尘云的火焰传播速度和火焰温度大于大粒径粒子粉尘云,热传导主导着火焰传播过程,如图1-14(a)所示。铁粒子的燃烧为凝聚态燃烧,未燃与已燃铁粒子均为球形,且已燃粒子的平均直径大于未燃粒子。

对于轻金属铝粒子,燃烧区域没有孤立的发光点,而是围绕单个铝粒子的离散的气相火焰,其燃烧区域是基本连续的,预热区厚度约为3mm,燃烧区厚度5~7mm;火焰传播速度不是定值,随传播时间而增大,如图1-14(b)所示。燃烧产物基本呈球形,大部分燃烧产物的粒径约为未燃铝粒子的1%。

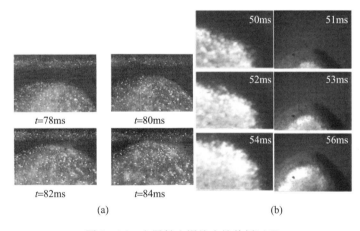

图1-14 金属粉尘爆炸火焰传播过程
(a)铁粉尘爆炸火焰传播过程;(b)铝粉尘爆炸火焰传播过程。

3. 粉尘爆炸影响因素

可燃粉尘、空气混合物能否发生着火、燃烧或爆炸,以及爆炸猛烈程度如何,主要与粉尘的物理化学性质和外部条件有关。

1) 粉尘物理化学性质

(1) 颗粒度。粉尘的颗粒越小,相对表面积越大,分散度越大,则爆炸极限范围越大,爆炸危险性越大。

(2)燃烧热。燃烧热高的粉尘,其爆炸浓度下限低,一旦发生爆炸即呈高温,爆炸威力大。

(3)挥发分。粉尘含可燃挥发分越多,热解温度越低,爆炸危险性和爆炸产生的压力越大。一般认为,煤尘可燃挥发分小于10%的,基本上没有爆炸危险性。

(4)灰分和水分。粉尘中的灰分(不燃物质)和水分增加,其爆炸危险性便降低。因为,一方面它们能较多地吸收体系的热量,从而减弱粉尘的爆炸性能;另一方面灰分和水分会增加粉尘的密度,加快其沉降速度,使悬浮粉尘浓度降低。试验表明,煤尘中含灰分达30%~40%时不爆炸。目前,煤矿所采用的岩粉棚和布撒岩粉就是利用灰分能削弱煤尘爆炸这一原理来制止煤尘爆炸的。

2)外部条件

(1)含氧量。它是粉尘爆炸敏感的因素,随着空气中氧含量的增加,爆炸浓度范围也扩大。在纯氧中,粉尘的爆炸浓度下限下降到只有空气中的1/3~1/4,而能够发生爆炸的最大颗粒尺寸则可增大到空气中相应值的5倍。

(2)空气湿度。空气湿度增加,粉尘爆炸危险性减小。因为湿度增大,有利于消除粉尘静电和加速粉尘的凝聚沉降。同时,水分的蒸发消耗了体系的热能,稀释了空气中的氧含量,降低了粉尘的燃烧反应速度,使粉尘不易爆炸。

(3)可燃气体和含量。当粉尘与可燃气体共存时,粉尘爆炸浓度下限相应下降,且最小点燃能量也有一定程度的降低。即可燃气的出现,大大增加了粉尘的爆炸危险性。

(4)惰性成分的含量。当可燃粉尘和空气的混合物中混入一定量的惰性气体时,不但会缩小粉尘爆炸的浓度范围,而且会降低粉尘爆炸的压力及压力上升速率。这主要是因为惰性气体降低了粉尘环境的氧含量,使粉尘的爆炸性能降低甚至完全丧失。

(5)温度和压强。当温度升高或压强增加时,粉尘爆炸浓度范围会扩大,所需点燃能量下降,所以危险性增大。

(6)点火源强度和最小点燃能量。点火源的温度越高、强度越大,与粉尘混合物接触时间越长,爆炸范围就变得越宽,爆炸危险性也就越大。

本章思考题

1. 爆炸可分为哪几种?

2. 化学爆炸需要哪几种条件？
3. 可燃性物质可从哪几个方面进行分类？
4. Ⅱ类爆炸性物质分类的依据是什么？
5. Ⅱ类爆炸性物质可分为哪几个等级，典型的物质是什么？
6. 可燃性气体的温度组别如何划分？

第 2 章 防爆基本概念

2.1 爆炸的预防与防护

由于爆炸发生后,会造成财产的严重损失,以及人员的巨大伤亡,因此,我们首先应当尽量避免发生爆炸及爆炸事故,如果不能完全避免爆炸的产生,应当尽可能地将爆炸控制在一定的范围内,尽量减小爆炸造成的损伤,而不能等事后再去弥补,这就需要采取防爆措施,预防爆炸的产生,以及对产生爆炸的环境、设备进行防护。基于这样的目的,我们应从爆炸的源头进行分析,并采取有针对性的措施,有效、可靠、合理地避免爆炸的产生及减小爆炸产生的损失。

正如前面介绍过的,爆炸是一个复杂的过程,爆炸的产生及后果与爆炸的物质、环境条件、点燃源都有关系,需要有足够的爆炸性物质、足够的氧气、有效的点燃源结合,3个要素缺一不可,爆炸的预防应当从这3个要素着手分析,避免这3个要素同时出现,以达到防爆的目的。

2.1.1 控制爆炸性物质

本书所讨论的爆炸是爆炸性(可燃性)物质与氧气的剧烈反应,因此,我们首先考虑防止爆炸性物质的产生,从根本上解决爆炸危险。以最容易产生爆炸性物质的化工厂为例,爆炸性物质可能是生产用的原材料,例如,生产尿素时需要用爆炸性的氨气(NH_3)作为原料;也可能是生产过程的中间产物,例如,石油化工的生产过程中,会产生乙烯(C_2H_4)、丙烯($CH_2\!\!=\!\!CHCH_3$)等多种爆炸性气体;也可能是生产的最终产物,例如,作为汽车燃料的汽油、柴油,各种油性溶剂等。对于各种爆炸性物质,应当结合其特点采取不同的措施,尽量将爆炸危险降低。

对于作为原材料的爆炸性物质,如果可能,则用非爆炸性物质或者不能形成爆炸性环境的物质替换爆炸性物质,例如用水性溶剂代替油性溶剂生产涂料,防止溶剂挥发到环境中形成足够浓度的爆炸性蒸气。

或者用较小的颗粒状物料替换细小的粉末状物料。这是由于固态的可燃性物质遇到点燃源时,在起火之前,通常因受热发生热解、气化反应,释放出可燃性气体,产生的可燃性气体被点燃后形成气相火焰,加热周围其他固态可燃性物质,引起连锁反应,形成爆炸。当固态物质的颗粒较大时,虽然同样受热,但是由于其体积大、物质多,需要吸收更多的热量才能升高到分解产生气体的温度;而同样量的物质,颗粒体积越大,其吸热表面积越小,例如同样量的煤炭,假设都是标准的正方体,当边长由 1mm 增加到 1cm,总的表面积减少,吸热效果变差,相同的外部温度条件下,大颗粒物料温度上升速度慢,因此颗粒物料更不容易发生燃烧,即使被点燃,也不会形成爆炸。

对有些过程,也可以改变生产工艺,调整反应过程,避免产生爆炸性的中间产物。

对那些无法避免产生爆炸性产物的生产过程,应设法将生产过程中爆炸性物质的量降到最低,通过控制爆炸性物质产生的量或浓度,防止或者限制形成爆炸性环境。例如采用连续生产工艺方法,而不是批量生产工艺方法,这样生产过程产生的爆炸性物质立即被下一个流程所使用,不会在生产现场大量积聚,避免达到爆炸下限,降低爆炸的风险。

如果无法避免爆炸性物质形成与积聚,可采取措施,监视爆炸性物质的浓度,以在超过安全阈值时报警或采取应急措施,一旦监视到爆炸性物质发生泄漏,系统立即报警并采取断电、强制通风等应急措施,防止爆炸性物质在环境中达到爆炸范围,并尽量避免现场有点燃源。目前,在化工厂、危险品仓库、煤矿井下都大量采取这一措施,在可能的泄漏点设置可燃气体探测仪、甲烷断电仪等,当生产过程中发生爆炸性气体泄漏或煤矿井下甲烷浓度超过规定值时,立即报警,切断除通风系统以外的电源,用强制通风将爆炸性气体排到开阔的环境中,防止气体浓度达到爆炸范围,并紧急撤离现场人员。

2.1.2 控制助燃剂浓度

爆炸是一个剧烈的氧化燃烧过程,需要充足的助燃剂参与,燃烧才能连续进行形成爆炸。如果条件许可,则用惰性气体或其他不助燃的气体置换装置中的空气或氧气,使爆炸性物质缺少燃烧所需的助燃剂,从而无法连续燃烧形成爆炸。例如在封闭式的输送管道或者工艺装置内,用二氧化碳、氮气、氩气、氦气等不助燃气体或惰性气体置换其中的空气,降低环境中的氧气浓度。

在选择惰化气体时,应当从成本、惰化效果、供给的可靠性、对工艺产品的污染等方面综合考虑。例如二氧化碳、氮气虽然成本低,但是二氧化碳在高速流动时会产生静电,而氮气在高温下会与镁粉发生反应。并且,惰性气体的供给也需要慎重设计,防止在装置运行过程中,供气管路发生故障而导致供气中断,因此有必要对惰性气体的管路、惰化装置内氧气浓度进行持续监控,防止装置内形成爆炸性的环境。但这种措施也有其局限性,对设备有密封要求,安装、使用、维护成本高,并且,那些生产工序需要人员参与到其中的装置,应谨慎选用惰化的方式,避免操作人员窒息的风险。

2.1.3 控制点燃源

如果爆炸性物质无法替换或降低浓度,而氧气浓度也无法降低,在爆炸性环境无法避免的情况下,为了保证安全或降低爆炸带来的损失,只有采取措施控制点燃源,这些措施包括:避免点燃源的形成;防止点燃源成为有效的点燃源;防止点燃源与爆炸性环境接触;将爆炸限制在一定的范围内,降低爆炸造成的损伤。

由于涉及的点燃源种类众多,采取的安全措施也各不相同,下一节将对点燃源的评定及防爆措施进行探讨。

2.2 点燃源评定及相应的防爆措施

在之前的内容里,探讨了爆炸产生的条件,其中很重要的一个条件就是有效的点燃源,点燃源可以是电气火花、高温表面、明火、电磁波、自燃反应等,各种不同的点燃源,其点燃原理不相同,点燃爆炸性物质的方式也各不相同,需要分别识别出这些点燃源,并对其进行点燃能力的评定,才能采取合理有效的措施预防其点燃爆炸性物质。

随着 GB/T 25285 系列标准的发布,爆炸性环境用防爆设备的概念已经从原来的电气设备扩展到电气、非电气设备,为了达到防爆安全的目的,需要对这些设备进行点燃危险评定,并采取相应的防点燃措施,在最新版本的 GB/T 3836 系列标准发布时,将非电气设备也纳入其中,成为 GB/T 3836.28 和 GB/T 3836.29。电气设备的评定相对简单,只要对带电部位采取限制能量或者与爆炸性环境隔离的措施即可达到防爆安全。而非电气设备相比较电气设备而言,结构差异大,工作原理不同,在识别其点燃源时,难度较大,需要对设备的工作原理、各部件使用条件、可能出现的故障情况等信息充分了解,才能将可能的点燃源评定齐全。

2.2.1 点燃源种类

在 GB/T 25285.1—2021《爆炸性环境爆炸预防和防护 第 1 部分:基本原则和方法》中,列出的点燃源一共有 13 种,分别是:热表面,火焰和热气体(包括热颗粒),机械产生的冲击、摩擦和磨削,电气设备和元件,杂散电流、阴极防腐措施,静电,雷电,$10^4 \sim 3 \times 10^{11}$ Hz 射频(RF)电磁波,$3 \times 10^{11} \sim 3 \times 10^{15}$ Hz 电磁波,电离辐射,超声波,绝热压缩和冲击波,放热反应(包括粉尘自燃)。这些点燃源产生的原因各不相同,如果只是单纯地根据标准去排查这些点燃源,当评定人员对设备结构、工作原理或工作特性了解不够时,往往很难正确识别,容易遗漏一些点燃危险,造成设备点燃源未被识别出,未能采取针对性的预防措施,当在爆炸性环境中使用时,可能会造成爆炸事故。如果评定人员能够根据设备的结构特点和工作特性去分析、评定,则会更好地发现各种点燃源,不容易遗漏。

2.2.2 点燃源危险评定

在对设备的点燃源进行评定时,评定人员应首先详细了解设备的结构和工作方式,具有点燃危险的结构通常包括电气设备、运动部件、设备材料(轻金属)、易被摩擦的非金属部件、可能产生杂散电流的金属框架、会产生绝热压缩与冲击波的管道或容器、其他部件。在确定所要评定的设备具有的结构后,对所涉及的结构进行逐项评定,并有针对性地采取预防措施,能有效地保障设备在爆炸性环境的安全使用。

1. 电气设备

在对设备进行点燃危险评定时,最容易识别的点燃源是电气设备,如电机、控制电器、监测用传感器等,这些设备都需要使用电源,无论是外部电力线路供电,还是设备自带电池供电,这些电气设备都有可能产生电气火花或者高温表面,引起爆炸事故。因此,爆炸性环境中的电气设备应按照国家颁布实施的相关标准,如 GB/T 3836 系列标准,进行设计、制造、安装和维护。需要注意的是,有些电气设备采用特低电压供电,但这种电压只是防止人身触电伤亡事故的保护措施,并不是防止点燃的措施,这些低电压电路产生的电气火花能量依然足以点燃环境中的爆炸性物质,因此也需要对这些设备采取防点燃措施。有些无源触点设备或部件,如压力开关、液位开关等,虽然本身只是一个简单的触点,但是由于连接到电路中构成了电路的一部分,同样也需要对其进行评定。另外,用于爆炸性环境的电气设备除了结构应符合相关标准,还应进行正确的选型、安装、使用和维护,例如煤矿用防爆设备不应安装到地面的爆炸性气体环境,爆炸性粉尘环境应当选择符合标准的粉尘防爆设备,并按照设备的设计要求进行正确的安装和使用,设备发生故障或受损后应及时进行维修,只有这样,才能保障电气设备安全可靠地运行。

2. 运动部件

各种运动部件类的点燃源也相对容易识别,如制动器、轴承、转轴、托辊等,这些部件在运动过程中会由于摩擦而产生热量,例如依靠摩擦制动的干式制动器,在工作时,由于闸瓦与高速运动的制动盘之间急速摩擦,产生了极大的热量,从而形成了热表面,即使采用较先进的合成材料闸瓦,温度也会高达400~450℃。又如滑动轴承,当润滑不足时,轴承各零件之间的摩擦力加大,接触部分的温度会迅速上升,当这些热表面与爆炸性环境接触时,就有可能点燃爆炸性物质。2008年美国帝国糖业的制糖厂的爆炸事故就是由于泄漏的糖粉遇到过热的轴承,引起点燃,事故摧毁了工厂,造成数十名工人死伤。

当运动部件或者其邻近部件发生变形时,会与其他部件发生碰撞或摩擦,也会产生火花或者高温,例如,风扇罩被碰撞变形后,可能与旋转的风扇叶片发生碰撞产生机械火花,传动机构网罩被碰撞后也可能与运动部件摩擦产生高温,这些火花和高温均有可能点燃爆炸性环境。

运动件会损坏,如阀门的弹簧由于金属疲劳而断裂,或者高速旋转的连接轴由于过载而断裂,当这些运动部件破损的部分急速飞出与其他部件发生撞击时,会产生机械火花,从而点燃爆炸性环境。

在对运动部件进行点燃风险评定时,需要对这些部件的结构特点、工作方式进行充分分析,鉴别危险和伴随的危险状态,对每种识别出的危险和危险状态进行风险评估,评定风险并确定减小风险的要求,采取合理的防点燃措施,例如依靠润滑介质防止温升超过环境中爆炸性物质的最低点燃温度,对于可能产生易燃机械火花的活动部件的结构,应确保始终有润滑介质存在;运动部件之间应保持足够的距离,防护措施应当有足够的强度,避免相对运动的部件产生刮蹭或撞击;在设备中加入传感器,探测即将发生的危险条件,在潜在点燃源转变为有效点燃源之前,及时采取有效的措施;或者对高温部件进行必要的冷却,例如液冷型的减速器,用保护液体形成流动膜连续覆盖,使潜在点燃源变成无效的,并且这些保护液体可以是实际的工作液体本身;对于在运行过程中可能会损坏的部件,需要采用高强度的材料制造,或者注意合理选择使用寿命,防止因老化而损坏。

3. 设备材料（轻金属）

设备零部件的材料也需要考虑，因为设备安装在爆炸性环境中，可能会受到外部撞击，当被撞击部件中含有较多的轻金属（如铝、镁、钛、锆等）时，容易产生足以点燃爆炸性环境的火花，因此，在评定时，需要特别注意可能受到外力冲击部件的材料，应当合理选择材料组分，限制铝、镁、钛、锆的含量；或者采取必要的防护措施防止撞击，同时应确保这些维持保护等级必需的部件不会因疏忽而被移除。而在乙炔环境中使用的设备，由于铜与乙炔会产生易爆炸的乙炔化物，需要限制铜及铜合金的使用，控制铜含量。

4. 易被摩擦的非金属部件

当设备上有非金属部件或者输送不导电物料时，应当特别注意电荷积聚产生静电放电。非金属部件在受到摩擦后，产生的电荷会积聚在部件上，当带电部件被金属工具或人体等导电体接触时，会将电荷释放，在非金属部件与导电体之间形成电火花，当能量足够时，会点燃周围环境中的可燃性物质。物料的情况也类似，例如当燃油通过管道输送时，燃油分子之间、燃油与管道之间相互摩擦产生电荷，如果管路接地不良，产生的电荷无法释放，则电荷会积聚在燃油表面，当遇到金属的车辆零件时，燃油将电荷释放从而产生电火花，点燃挥发在空气中的燃油蒸气，造成爆炸事故。因此当设备上有非金属部件时，应当按照GB/T 25285、GB/T 3836等标准，合理选择材料，对材料进行防静电处理，防止电荷的积聚。当输送不导电物料时，应当对输送管路或部件进行可靠的等电位连接及接地，及时将产生的电荷释放。

5. 可能产生杂散电流的金属框架

杂散电流是在评定过程中容易被疏忽的一种点燃源。电气设备的故障、导线绝缘损坏、雷电、电磁感应等情况，都会造成导电部件产生杂散电流，当传导杂散电流的部件被连接或断开时，就会产生电火花或电弧，另外杂散电流也会造成导电部件通路中电阻大的部位异常发热。因此，需要对设备内所有导电部件或装置的金属框架进行可靠的等电位连接，防止产生电火花、电弧等；对于附近有其他电路系统的情形，尤其是在电气化铁路和大型焊接系统附近，当轨道和敷设在地下的电缆护套等导电系统降低该回路的电阻时，会造成设备的意外带电，产生杂散电流，在设备的安装时，应特别注意防止此类情况。当设备使用强磁体或者附近有强磁场时，如永磁式除铁器，输送带上有金属板，在运行时不断切割永磁体的磁力线，如果金属板与其他部件形成回路时，会在其内部产生感应电流，从而发热或者由于回路通断而产生电火花，造成点燃危险，对于这类点燃源,应当避免其产生感应电流回路。

6. 会产生绝热压缩与冲击波的管道或容器

另一种容易被疏忽的点燃源是绝热压缩或冲击波,例如,空气压缩机的压力管路中,以及与这些管路连接的容器内,润滑油雾会因为被压缩而点燃;另外,当高压的气体突然释放到管道中时,会产生冲击波,当冲击波遇到管道的弯道、缩颈、连接法兰、隔断等,会产生衍射或反射,而产生极高的温度。例如,过充的乙炔气体钢瓶,在打开阀门时,如果开启速度过快,压力突然泄出,遇到减压阀门产生反射,会点燃引起爆炸。设备在设计时应当特别注意压力管道应尽量平直,弯道应过渡缓和,相邻管道内径直径变化不要太大,阀门动作缓慢,相邻管道与容器之间压力差尽量小。

7. 其他部件

其他部件的点燃危险,如各种频率的电磁波、火焰、雷电等,都比较容易识别,防点燃措施也相对简单,在评定时,评定人员只要确认有电磁发射、接收装置、激光发射装置、产生火焰的设备,以及设备在易受雷击的场所安装这些情况,就应当注意对这些点燃危险进行评定,并采取相应的防点燃措施,例如,限制电磁发射功率,严禁在爆炸性场所使用明火,增加防雷措施等。

点燃危险评定是一个综合考虑各种危险因素的过程,需要评定人员对设备的工作场所、工作原理、结构特点充分了解,并对设备会遇到的各种故障、意外情况有一定的经验,同时能细心评定,并在评定的工作过程中,积极与制造商充分沟通,深入、详细地了解设备的情况,才能尽量全面地对各种点燃危险进行评定,确保设备在爆炸危险场所工作时的安全性。

2.2.3 点燃评定实例

为了更好地帮助读者理解非电气设备点燃危险评定,本章以图2-1所示的某泵为例,简单演示评定的过程。

图2-1 电动泵

该泵预计用于化工场所的1区,主要是将可燃性液体从储罐泵送到反应器。采用电动机作为动力源,电动机通过离合器与泵体相连,泵体内部为叶轮,旋转带动液体流动。

正常运行方面(EPL Gc)在连续运行期间加热,在最高环境温度下具有最大负载。宜考虑入口和出口处的流体压力以及腐蚀和输送的流体的温度。如果最大表面温度不取决于泵本身,而主要取决于输送的加热流体,则制造商无法确定温度等级。它由用户根据制造商在说明书中提供的信息确定。

如果出现预期的干扰或通常必须考虑的设备故障(EPL Gb),宜注意:在最大压力下以低进料速度继续运行,零件和部件因操作条件和尺寸不合格而失效,污染物的吸入,机械紧固件的松动或由于冲击或摩擦引起的应力。

罕见故障(EPL Ga,未在表2-1中处理)可能是关闭压力管路(关闭的出口)的操作,点燃控制装置失效或两个预期故障组合导致的新的点燃危险。

通过对泵的结构、运行方式、可能出现的故障进行综合的分析,泵主要的潜在点燃源有热表面、电气设备、机械火花、静电放电。针对各种点燃进行原因分析,并采取相应的防点燃措施,可以得到设备的EPL级别和温度组别或必要的限制措施。

详细的评定内容见表2-1。

表2-1 泵点燃风险评定

1		2				3			4					
点燃风险		在不采用附加措施的情况下评定发生频率				用于防止点燃源生效的措施			采用措施后发生频率					
a	b	a	b	c	d	e	a	b	c	a	b	c	d	e	f
序号	基本原因描述(哪种情况会产生哪种点燃源)	正常	预期故障	罕见故障	不相关	原因分析	应用措施的描述	依据(引用标准、技术规范、实验结果)	技术文件(包括第1栏中列出的相关特征的证据)	正常	预期故障	罕见故障	不相关	设备保护级别	必要的限制
1	热表面	耗散发热	X				泵在正常运行期间具有最高温度	最大表面温度在最不利的条件下确定($\Delta T = 45K$)。安装旁路(溢流)以确保最小流量。指定储罐的最小剩余容积	GB/T 3836.28—2021的8.2	关于热试验的型式试验报告		X			Gb	T4

续表

1		2				3			4					
点燃风险		在不采用附加措施的情况下评定发生频率				用于防止点燃源生效的措施			采用措施后发生频率					
a	b	a	b	c	d	e	a	b	c	a	b	c	d	e	f
序号	基本原因描述（哪种情况会产生哪种点燃源）	正常	预期故障	罕见故障	不相关	原因分析	应用措施的描述	依据（引用标准、技术规范、实验结果）	技术文件（包括第1栏中列出的相关特征的证据）	正常	预期故障	罕见故障	不相关	设备保护级别	必要的限制
2	热表面	将机械能耗散为热量	X				在上游外部阀门关闭	最大表面温度在最不利的条件下确定。安装温度监控和限制系统（防爆型式"b1"）。极限温度为100℃	GB/T 3836.28—2021的8.2和GB/T 3836.29—2021"b"	关于热试验的型式试验报告；监控系统（从外部供应商处购买）的符合性声明和使用说明书，用于爆炸性环境，并用作控制点燃源型"b"的监控装置（"b"型）			X		Gb	T4
3	热表面	离合器片的摩擦力	X				离合器开始滑动并产生热量	最大表面温度在最不利的条件下确定（$\Delta T = 30K$）。耦合时间和最大值扭矩是规定的。过载受限并在达到温度组别限制之前关闭	GB/T 3836.29—2021"c"	关于热试验的型式试验报告			X		Gb	T5

第2章 防爆基本概念

续表

序号	1 点燃风险		2 在不采用附加措施的情况下评定发生频率					3 用于防止点燃源生效的措施			4 采用措施后发生频率					
	a	b	a	b	c	d	e	a	b	c	a	b	c	d	e	f
	潜在点燃源（哪种情况会产生哪种点燃源）	基本原因描述	正常	预期故障	罕见故障	不相关	原因分析	应用措施的描述	依据（引用标准、技术规范、实验结果）	技术文件（包括第1栏中列出的相关特征的证据）	正常	预期故障	罕见故障	不相关	设备保护级别	必要的限制
4	电气设备	内部电机		X			电气设备是可能点燃源	仅使用具有符合性认证的电气设备	GB/T 3836	证书和说明书			X		Gb	ⅡB T3 Gb
5	机械火花	在干运行条件下转子摩擦		X			不能排除转子的机械摩擦。考虑轴承的故障	根据 GB/T 6391 计算轴承规定寿命。在这些情况下，通常会将故障视为罕见故障	GB/T 3836.29—2021 "c"	描述和计算的编号；设计图纸编号			X		Gb	
6	静电放电	非导电液体的转移导致静电荷		X			液体的电导率没有定义	预期用途的限制，只能使用具有高导电率（>1000pS/m）的液体。仅使用导电液体。乙醇是导电液体。需要正确接地设备	GB/T 3836.26	说明书，章、条款警告；泵运行涉及在流动的液体中产生静电电荷的风险。用户宜根据 GB/T 3836.26 采取措施			X		Ga	

续表

序号	1 点燃风险		2 在不采用附加措施的情况下评定发生频率					3 用于防止点燃源生效的措施			4 采用措施后发生频率					
	a 潜在点燃源	b 基本原因描述（哪种情况会产生哪种点燃源）	a 正常	b 预期故障	c 罕见故障	d 不相关	e 原因分析	a 应用措施的描述	b 依据（引用标准、技术规范、实验结果）	c 技术文件（包括第1栏中列出的相关特征的证据）	a 正常	b 预期故障	c 罕见故障	d 不相关	e 设备保护级别	f 必要的限制
7	更多点燃源															
	包含所有存在点燃危险情况下的 EPL														Gb	T3
	需要限制预期用途															

通过这一简单的点燃源评定实例，对非电气设备的点燃危险评定有了基本的了解，在实际的评定时，需要充分、详细地了解设备的结构，工作原理，可能出现的故障，并对发现的点燃源采取合理的预防措施，避免潜在点燃源成为有效点燃源。有些点燃源无法完全消除，但可以采取限制措施，使其在规定的运行条件下不具有点燃能力。

2.3 爆炸性场所的分类

随着社会对人身安全的重视程度提高，煤炭、石油、化工、冶金等存在着大量爆炸性物质的行业的安全生产问题日益被重视，特别是由于生产规模的不断扩大和自动化程度的不断提高，在生产过程中，生产现场将不可避免地产生爆炸性物质的泄漏，形成爆炸性危险场所，这给各类电气设备的安全使用增加了困难。

爆炸性环境是指在大气条件下，可燃性物质以气体、蒸气、粉尘、纤维或飞絮的形式与空气形成的混合物，被点燃后，能够保持燃烧自行传播的环境。统计资料显示，煤矿井下约有 2/3 的场所属于爆炸性危险场所，石油开采现场和精炼厂有 60%~80% 的场所属于爆炸性危险场所；在化学工业中，有 80% 以上的生产车间是爆炸性危险场所。使用于这些危险场所的电气设备都必须采取有效的预防措施来避免其成为危险点燃源，或者避免非防爆的电气设备在爆炸危险场所使用。

如果只要场所中可能出现爆炸性气体或粉尘，就将整个场所作为危险区域，安装防爆性能最高的防爆电气产品，虽然能有效保证安全，但是极大地增加了使用成本。因此，通常情况下，为了使采取的预防措施做到经济、合理、可靠，需要对有爆炸危险的场所进行适当的分类，确认其风险等级，以便根据场所内爆炸性物质的特性及场所风险程度，合理选用不同安全性能级别的防爆电气设备。爆炸性危险环境通常按两种不同的形式进行划分。①按爆炸性物质的类型进行划分（分级和分组），以便正确选择防爆电气设备的安全特性，即防爆等级和温度组别；②按出现爆炸性物质的出现的频率、泄漏量、在场所内存在的时间等因素（即区域）进行划分，以便选择不同设备保护级别的设备。它们是定义爆炸性危险场所的独立参数。

目前，世界各国对爆炸性危险场所的定义不尽相同，但归纳起来大致可分为两类方法。其中，包括中国和欧洲国家在内的大多数国家采用国际电工委员会（IEC）的划分方法，而以美国和加拿大为主要代表的其他国家则采用北美划分方法。尽管美国和加拿大已开始接纳 IEC 的划分方法，但预计在今后较长一段时间内尚不可能全面废弃北美划分方法。因此，为了有利于读者系统地了解两种不同的派系，下面相关章节在介绍我国标准的同时，将穿插介绍 IEC 标准与北美标准。

2.3.1 爆炸场所标准体系简介

由于历史、技术发展等多种原因，各个国家、地区设计和制造防爆电气设备依据的防爆标准多种多样，导致各种防爆电气设备分类、分组各不相同，例如在我国，可燃性粉尘环境用电气设备的分类，既可以根据 GB/T 3836.35—2021《爆炸性环境　第 35 部分：爆炸性粉尘环境场所分类》（代替 GB/T 12476/3—2017《可燃性粉尘环境用电气设备　第 3 部分：存在或可能存在可燃性粉尘的场所分类》）分成 20、21、22 3 个区域用设备，也可以根据 GB/T 3836《爆炸性环境》系列标准分成ⅢA、ⅢB、ⅢC 3 个等级；即使是同一个标准，其不同版本之间也有差异；而进口产品的差异更大，尤其是部分地区所执行的防爆标准与我国现行标准规定的标识方法完全不一样，使用、安装单位在选择这些防爆电气设备时，出现了很大的困扰，经常无法正确地选择相应的防爆电气设备。

目前在我国,防爆相关标准为 GB/T 3836《爆炸性环境》系列标准,修改或等同采用了 IEC 60079 系列标准,主要涉及了各种不同保护方式的电气设备、危险场所分类、设备检修、电气安装等内容,侧重气体环境用防爆电气设备,也包含了粉尘环境相关内容。

在国际上,防爆电气设备通用的是国际电工委员会发布的 IEC 60079 系列、IEC 61241 系列(目前已作废)标准,在欧洲、大洋洲、亚洲等地区广泛使用,但有些地区还有额外的专门要求。例如在欧洲,防爆电气设备执行的是等同采用了 IEC 系列标准的 EN 系列标准,但同时还应符合 ATEX 的强制指令。

在美国和加拿大,则同时存在着两种标准体系,分别是 NEC 505 系列和 NEC 500 系列。NEC 505 系列(主要标准为 UL 2279 系列)完全等同采用了 IEC 60079 系列标准,而 NEC 500 系列(主要标准有 UL 1203、UL 913 等)和 IEC 标准差异较大,目前,爆炸危险场所相关的设计、安装、检验单位在接触依据这个系列标准制造的防爆电气产品时往往产生困惑,无法正确选型和安装。需要说明的是,在美国,与煤矿相关产品的认证由 MSHA 进行,与其他标准差别较大,因此将不对其进行讨论。

2.3.2 爆炸危险区域划分

由于煤矿井下通风条件差,使用环境恶劣,无法有效地控制爆炸性物质的扩散,相关标准不对煤矿井下进行区域划分,需要根据《煤矿安全规程》合理选用防爆电气设备。在地面各类爆炸危险场所,由于通风条件、使用环境容易控制或者改善,并且可以采取各种有效措施降低现场风险,为了降低设备的使用成本,可以根据现场爆炸危险性对其进行危险区域划分。

目前我国使用的爆炸危险场所分类主要有 GB 3836.14—2014(IEC 60079-10-1)《爆炸性环境 第 14 部分:场所分类 爆炸性气体环境》、GB/T 3836.35—2021《爆炸性环境 第 35 部分:爆炸性粉尘环境场所分类》、GB 50058《爆炸危险环境电力装置设计规范》。出于历史原因或习惯,目前国内设计单位在进行区域划分时较多地沿用 GB 50058 的最新版本,根据不同的爆炸危险物质出现情况及通风情况,划分出特定距离的爆炸危险区域即可,但依据这些标准划分出的爆炸危险区域面积往往比较大,使得工程造价上升。而 GB 3836.14—2014 根据爆炸危险现场爆炸物质的泄漏量、出现频率、通风量等多种因素精确计算爆炸危险区域的范围,由于需要了解的信息量大,且很多信息不容易获得,导致计算工作量大,但是这种方法能更加准确地划定爆炸危险区域的范围,有效控制区域面积,并且可以通过采取额外的措施减小区域范围,当需要严格控制爆炸危险区域范围或其他有特殊需要的情况下,建议采用这一标准精确计算爆炸危险区域。在国际上,IEC 系列标准与我国标准要求相同,而 NFPA 70 中的 NEC 500 规定与国际通行规定有较大差距,详见表 2-2。

表 2-2 爆炸危险区域划分对比

气体环境	GB/T 3836、IEC 60079、EN 60079、NEC 505	NEC 500
可燃气体等在正常条件下连续出现或经常存在	0 区(zone 0)	Class Ⅰ Division 1
可燃气体等在正常条件下可能存在	1 区(zone 1)	
可燃气体等在正常条件下不可能存在	2 区(zone 2)	Class Ⅰ Division 2
粉尘环境	GB/T 12476、GB 50058、IEC 61241、EN 61241、NEC 505	NEC 500
可燃粉尘等的爆炸性浓度在正常条件下连续出现或经常存在	20 区(zone 20)	Class Ⅱ Division 1
可燃粉尘等的爆炸性浓度在正常条件下可能存在	21 区(zone 21)	
可燃粉尘等的爆炸性浓度在正常条件下不可能存在	22 区(zone 22)	Class Ⅱ Division 2
处理、生产或使用可燃性纤维或材料产生可燃性飞絮	—	Class Ⅲ Division 1
存储或处理可燃性纤维	—	Class Ⅲ Division 2

2.3.3 爆炸危险区域划分实例

为了更好地帮助读者理解爆炸危险区域划分的基本方法与步骤,本书将根据 GB 50058—2014 标准,结合实例简要介绍区域划分的过程。

在进行爆炸危险区域划分时,首先需要确定现场的爆炸危险物质的种类、特性、释放型式、释放频次及持续时间。

需要根据生产现场的原材料、过程产物、最终产品,确定区域内存在的具体的危险物质,并了解其与防爆相关的特性参数,如最小点燃能量、最低点燃温度,以确定环境所需防爆设备的防爆等级与温度组别;还应了解其相对空气的密度,在后续进行区域划分时,根据物质的相对密度关注危险区域的范围及积聚情况。

根据生产设备及工艺特点,确定危险物质的释放特性。危险物质的释放源可按释放频繁程度和持续时间长短分为:

(1)连续级释放源,连续释放或预计长期释放的释放源。典型如没有用惰性气体覆盖的固定顶盖贮罐中的可燃液体的表面、油水分离器等直接与空间接触的可燃液体的表面、经常或长期向空间释放可燃气体或可燃液体的蒸气的排气孔和气体孔口。存在连续级释放源的区域可划为0区。

(2)一级释放源,在正常运行时,预计可能周期性或偶尔释放的释放源。典型如正常运行时可能释放可燃物质的各类泵、压缩机、阀门等的密封处,正常运行时会打开的排水口、取样点、泄压阀等。存在一级释放源的区域可划为1区。

(3)二级释放源,在正常运行时,预计不可能释放,当出现释放时,仅是偶尔和短期释放的释放源。如正常运行时不能释放可燃物质的各类泵、压缩机、阀门等的密封处,正常运行时不会释放可燃物质的法兰、连接件、接头、安全阀、排气孔等。存在二级释放源的区域可划为2区。

当环境内有良好通风,可以将可燃物质很快稀释到爆炸下限值的25%以下时,可定为通风良好。可以降低爆炸危险区域等级。

在确定了释放源后,需要根据生产现场的情况,确定危险区域的范围。可以按下列要求确定:

(1)根据释放源的级别、位置、可燃物性质、通风条件、障碍物及生产条件、运行经验,经技术经济比较综合确定。

(2)建筑物内部宜以厂房为单位划定。

(3)高挥发性液体可能大量释放并扩散到15m以外时,爆炸危险区域的范围应划分为附加2区。

(4)当可燃液体闪点高于或等于60℃时,在物料操作温度高于可燃液体闪点的情况下,可燃液体可能泄漏时,其爆炸危险区域的范围宜适当缩小,但不宜小于4.5m。

当完成相关的设计工作后,应当完成爆炸危险区域划分图,当区域比较简单时,可以用平面图的方式,当区域划分比较复杂时,还应增加立面图及必要的局部放大图。在图中,不同区域应当用不同的图示进行区分。

下面以典型的区域为例,演示危险区域划分的示意图。

如图 2-2 所示,在该示例中,现场为一露天生产装置,存在的可燃物质重于空气,通风良好且为二级释放源。由于可燃物质无法向上扩散,只能沿着地面向外扩散,并且伴有挥发的蒸气,因此,其范围较大。与释放源距离为 7.5m 的范围内可划为 2 区;在爆炸危险区域内,由于可燃物质会积聚到低洼处,地坪下的坑、沟可划为 1 区。考虑到可能释放大量高挥发性产品,以释放源为中心,总半径 30m、地坪上高度为 0.6m 且在 2 区以外的范围内可划为附加 2 区。

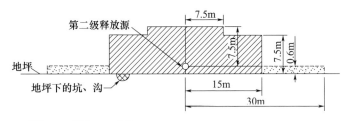

图 2-2　释放源接近地坪时可燃物质重于空气、通风良好的生产装置区

当以上装置存在的可燃物质轻于空气时,由于空气浮力作用,可燃物质上升较多,向周围扩散较少,其爆炸危险区域范围相对较小。如图 2-3 所示,当释放源距地坪高度不超过 4.5m 时,以释放源为中心,半径为 4.5m,顶部与释放源的距离为 7.5m,以及释放源至地坪以上的范围可划为 2 区。

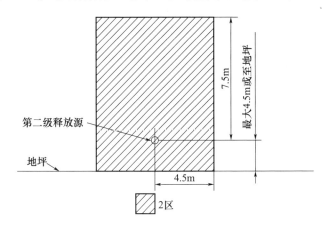

图 2-3　可燃物质轻于空气、通风良好的生产装置区

当该释放源上方有厂房屋顶时,需要考虑轻质可燃物在上方封闭区域积聚的情况。如果屋顶有通风措施,还应考虑从此处扩散的情况。在这种情况下,如图 2-4 所示,以释放源为中心,半径为 4.5m,地坪以上至封闭区域底部的空

间和封闭区域内部的范围内可划为 2 区;屋顶上方百叶窗边外,半径 4.5m,百叶窗顶部以上高度为 7.5m 的范围内可划为 2 区。

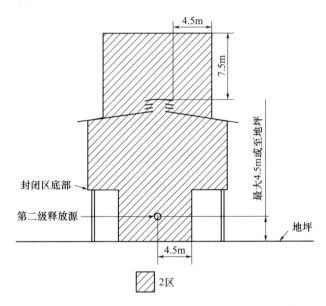

图 2-4 可燃物质轻于空气、通风良好的压缩机厂房

鉴于篇幅有限,对于其他更加复杂的情况,本章节不作过多介绍,更多的典型示例可以参考 GB 50058、GB 3836.14 等标准,进行详细的计算。

本章简要地介绍了爆炸的各个要素,及针对各种基本要素的预防爆炸措施,着重介绍了各种点燃源及相应的防爆措施,并以实例演示了点燃风险评定的方法与过程。并且介绍了爆炸危险场所分类的方法,以典型场所演示了爆炸危险区域划分的过程。

本章向读者介绍了爆炸的预防与防护的通用措施,便于其理解后续的具体防爆设备及其原理。

本章思考题

1. 爆炸或燃烧需要哪几个基本要素?
2. 如何消除环境中的爆炸性物质?
3. 如何降低环境中氧气的浓度,需要注意哪些安全事项?
4. 列举不少于 5 种点燃源,并举出实际的例子。
5. 目前我国使用的爆炸性环境的划分依据主要有哪些?

6. 可燃性物质的释放源如何分级?
7. 按我国的标准,爆炸危险区域有哪些等级?
8. 当可燃物质比空气重时,划分爆炸危险区域时需要关注哪些地方? 采取什么样的措施?
9. 当可燃物质比空气轻时,划分爆炸危险区域时需要关注哪些地方? 采取什么样的措施?

第3章 电气防爆简介

上一章介绍了常见的点燃源，本章将对其中的电气设备进行进一步的探讨，并分别介绍其防爆型式。

当电气设备在使用时，由于导体电阻的热效应，电气部件及线路会发热；由于开关、继电器等电气元件正常工作时引起的电路通断，会产生电气火花或电弧；由于电气部件之间的绝缘或间距不够，不同电势的导电部件之间会发生短路、击穿等故障而发热、产生电气火花或电弧，这些温升、火花在普通环境中可能仅仅引起设备故障、线路故障等，但如果在爆炸性环境中，将可能点燃爆炸性环境中的爆炸性物质而爆炸。因此，有必要采取措施，防止电气设备引起爆炸事故。

这些措施包括：将电气部件用可靠外壳保护起来，防止内部的爆炸引起环境的爆炸；用固体、液体或气体将电气部件与爆炸性环境隔离，使得电路中的高温或火花不与爆炸性物质接触；对电气线路与部件采取安全措施，防止电路产生点燃源；限制电路能量在安全范围内，使电路即使在故障状态下产生的温升或电气火花也不能点燃爆炸性物质。

3.1 防爆型式介绍

对于所有防爆型式的电气设备，由于其外壳表面与爆炸性气体直接接触，因此这些设备表面在运行时产生的最高温度不能超过环境中气体的最低点燃温度；由于在设备长期运行过程中，温度的变化会导致外壳内部与环境产生气体交换，使得环境中爆炸性气体进入外壳内部，因此有些防爆型式的电气设备还要求外壳内部与爆炸性气体接触的元件表面温度也不能超过最低点燃温度，如增安型、本质安全型等电气设备。

根据爆炸危险物质点燃的原理，我们可以采取不同的措施，防止各类现场的爆炸危险物质被电气火花、机械火花、高温等危险源点燃。GB/T 3836.1—2021 中列出了 8 种用于气体环境、4 种用于粉尘环境的防爆电气设备型式，本节将依次简单介绍各种气体环境用防爆型式的原理和结构。其中适用于可燃性粉尘场所的 i 型、p 型、m 型防爆原理与爆炸性气体环境的相同,t 型依靠具有防尘能力的外壳将电气设备与爆炸性粉尘环境隔绝,防止电气火花、电弧点燃粉尘;同时避免外壳的最高表面温度达到所用环境中粉尘的最低点燃温度,防止热点燃。

3.1.1 隔爆外壳型"d"

1. 原理

如图 3-1 所示,用一个具有足够强度的外壳,将电气部件保护起来,当电气部件产生的电火花或高温将其周围的爆炸性气体点燃后,外壳能够承受爆炸压力,使其不会对周围环境产生破坏。同时外壳部件之间接合处具有很长的宽度和很小的间隙,使爆炸产生的火焰不会传播到周围环境中,点燃环境中爆炸性气体而造成二次爆炸;或者即使火焰能传播出来,但是被接合面吸收了能量,也无法引起二次点燃。

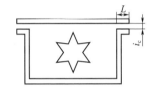

图 3-1 隔爆外壳型"d"结构示意

2. 主要结构要求

外壳应当具有足够的强度,以承受内部爆炸产生的压力。根据 GB/T 3836.2—2021 标准,压力至少为参考压力的 1.5 倍,对于矿用隔爆外壳,通常为 1MPa,而Ⅱ类隔爆外壳,需要进一步提高耐压能力,可能需要达到 1.5MPa 甚至更高。

外壳零部件之间的接合面应当有足够大的宽度和足够小的间隙,防止内部爆炸的火焰传播到环境中。这些宽度、间隙的值,根据外壳容积和防爆等级的不同而有所区别,详见 GB/T 3836.2—2021 中的第 5 章~第 8 章。

在 2021 年国家标准修订中,将 nC 封闭式断路装置移至 GB/T 3836.2—2021,防爆型式为 dc,设备保护级别为 Gc,并新增了设备保护级别为 Ga 的"da"保护等级的设备。

3. 典型应用

隔爆外壳由于外壳厚重,制造要求相比其他防爆型式更严格,导致成本偏高,那些在运行过程中会产生电火花、电弧、高温并且使用工况恶劣的设备一般会采用这种防爆型式,如煤矿井下用的启动器、电动机、照明灯具等。

3.1.2 增安型"e"

1. 原理

如图3-2所示,在正常运行条件下不会产生危险温度、电弧或火花的结构上,再采取一些机械、电气和热的保护措施,使之进一步避免在正常或认可的过载条件下出现电弧、火花或高温的危险,从而确保其防爆安全性。

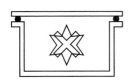

图3-2 增安型"e"结构示意

2. 主要结构要求

设备的外壳具有足够的强度和外壳防护能力(IP等级),防止外壳受到机械冲击后变形,以及避免环境中的粉尘、雨水等进入设备内部,污染电气部件,造成设备故障,引起意外的火花或高温。

电气连接应当可靠,内部导线、连接件应当被可靠固定,避免在工作过程中脱落。

导体之间应当有足够的电气间隙和爬电距离,防止电气击穿;绝缘材料应当能承受施加的电压,并且具有足够的稳定性。

由于外壳不能阻止火焰传播,因此电气设备任何部分,包括可能与潜在爆炸性环境接触的内部元器件表面,都不应超过GB/T 3836.1—2021规定的最高表面温度。

电机、灯具、电池等特殊设备还应符合相关的特殊要求。

在2021年国家标准修订中,将原来n型中的nA型无火花设备移至GB/T 3836.3—2021中,防爆标志为ec,设备保护级别为Gc。

3. 典型应用

这类设备对外壳要求相对简单,设备体积小、重量轻、成本低,一般正常工作时不会产生火花并且使用工况良好的设备采用这种防爆型式,例如化工场所用的交流电机、灯具、接线盒等。

3.1.3 本质安全型"i"

1. 原理

如图3-3所示,由于爆炸性气体可能被电火花、高温等点燃,因此采取措施降低火花能量或者限制元器件表面温度,使电路或电气元器件即使在故障状态下也无法点燃爆炸性气体,从而达到防爆安全。这些措施包括降低电路中的电流、能量使其不具有点燃能力;增加元器件、线路的承载能力防止产生高温;与其他电路充分隔离,防止电路意外击穿而产生过高能量或温度。同时对电器零部件采取必要的防护,避免外部机械损伤破坏电路。

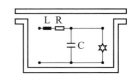

2. 主要结构要求

需要时,设备的外壳具有足够的外壳防护能力(IP 等级),防止内部的电气元器件受到外

图 3 – 3　本质安全型"i"结构示意

部冲击、粉尘雨水污染等导致故障,引起过高的火花能量或高温;或者对电路采取浇封、涂漆等措施进行保护。

选择合适的元器件种类或结构,避免其产生故障。

电路中电流、功率应当限制在安全范围内,使电路即使在故障状态下产生的火花、电弧也不能点燃爆炸性气体。

合理选择元器件、线路的承载能力,例如选用较大额定功率的元器件,加大导线、印制线路的横截面积,降低这些元器件、线路表面的温升。

将元器件之间、电气线路之间的电气间隙、爬电距离增加到安全范围,将本质安全电路与其他电路充分隔离,防止电路之间意外击穿。

3. 典型应用

由于限制了电路中的电流、能量等,本质安全型设备的功率通常都不大,同时体积小,一般各类监视用仪表、测量传感器等采用这种防爆型式。

3.1.4　正压外壳型"p"

1. 原理

如图 3 – 4 所示,向设备的外壳内注入不含有爆炸性气体的空气或者惰性气体,并通过密封或持续注入保持外壳内部压力高压周围环境,使环境中的爆炸性气体无法进入设备外壳内,这样即使外壳内部产生电火花或电弧等点燃源,也无法点燃爆炸性气体。

2. 主要结构要求

设备外壳有良好的密封性及强度,能够保持并承受内部的压力高于环境气压。

图 3 – 4　正压外壳型"p"结构示意

设备具有安全装置或措施,在通电前用保护气体置换内部气体,防止外壳内气体未置换时通电;一旦外壳内部压力低于设定值,能及时断电或者报警,防止电路带电状态时,环境中爆炸性气体进入外壳。

3. 典型应用

虽然这类设备的外壳可以做得比较简单,也不需要对电气线路进行改造,但是由于需要辅助设备提供气源或者保持静态正压,安装时,除了需要配套的电气线路,还需要专门的供气管路,数量多的小型设备使用不方便,一般只有大型开关柜、复杂的分析仪器、大型电机、集中控制设备、复杂装置的主机等体积大数量少的设备采用这种防爆型式,将所有电气部件安装在一个外壳内,降低制造成本。

3.1.5 液浸型"o"

1. 原理

如图3-5所示,液浸型防爆措施的原理与正压外壳型类似,向设备的外壳内注入绝缘的保护液并将电气元部件完全浸没,使得环境中的爆炸性气体无法与电气元部件接触,这样即使电气元部件产生电火花或电弧等点燃源,由于被保护液隔离,加上保护液本身具有灭弧和冷却火焰的作用,使设备无法点燃环境中的爆炸性气体。

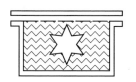

图3-5 液浸型"o"结构示意

2. 主要结构要求

保护液具有较高的闪点、良好的绝缘性能以及其他不会使电气设备故障的特性。

设备外壳有一定的防护能力,防止保护液被污染及溢出,但应当能排出运行中产生的气体或蒸气。并具有适当的强度,能承受运行过程中的内部压力。

能保持保护液始终浸没电气元部件。

3. 典型应用

由于保护液在现场补充、更换不方便,可靠性高的设备一般采用这一防爆型式,例如大型变压器、启动电阻、开关等。

3.1.6 充砂型"q"

1. 原理

如图3-6所示,将能点燃爆炸性气体的导电部件固定在适当位置上,且完全埋入填充材料(通常为石英砂或微小的玻璃颗粒)中,以防止点燃外部爆炸性气体环境。这种防爆型式不能阻止爆炸性气体进入设备和 Ex 元件而被电路点燃,但是,由于填充材料中空隙小,且火焰通过填充材料中的通路时被熄灭,因此可以避免点燃环境中的爆炸性气体。

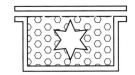

图3-6 充砂型"q"结构示意

2. 主要结构要求

外壳具有适当的防护能力,防止填充材料在试验过程中漏出。

填充材料应当非常细小,以便充分填充在外壳与导电部件之间,熄灭产生的电弧、火焰。并且有良好的耐电压性能,避免被导电部件之间的电压击穿。

3. 典型应用

由于填充材料在现场补充、更换不方便,一般可靠性高、无活动部件且不会被填充材料损坏的设备采用这种防爆型式,例如变压器、电容等。

3.1.7 "n"型

1. 原理

如图 3-7 所示,将工作时不会产生火花的电气设备,或者对产生电弧、火花、热表面的部件或电路采取一定的保护措施,使其不能点燃周围爆炸性气体,然后将它们安装在具有防护能力的外壳内,达到安全的目的。或者,对外壳采取适当的密封措施,防止气体与具有点燃能力的元器件接触;也可以采取有限的密闭措施,但限制内部火花元件的能量或发热,使密闭腔体内的气体不会点燃,从而达到不点燃环境中可燃性气体的目的。但这些措施的可靠性一般,仅能用于 2 区。

图3-7 "n"型结构示意

2. 主要结构要求

外壳应当具有适当的防护等级,防止粉尘、水、外部异物等破坏电路、电气元器件造成故障,引起点燃。

电气元器件本身在运行过程中,不会产生电弧、火花、热表面等具有点燃能力的危险。

用于防止电弧、火花热表面点燃的保护措施,例如密封装置、限制呼吸外壳等能确保周围爆炸性气体不被点燃。

3. 典型应用

这种设备外壳简单,制造成本相比普通电气设备无较大增加,但是由于防爆安全性能一般,仅具有 Gc 的设备保护级别,一般用于较低爆炸风险场所的电机、灯具、电池组等采用这种防爆型式。

根据具体防爆措施的不同,防爆型式还可进一步细分:nC 气密装置(密封是通过熔接,例如钎焊、铜焊、熔焊或玻璃与合金的熔接来实现的,并且其结构使外部大气不能进入其内部的装置);nC 非点燃元件(接通或断开具有规定的点燃能力的电路的触头,但是接触机构的设计使其不能够点燃规定的爆炸性气体环境的元件);nC 密封装置(设计结构使其在正常运行期间不能打开,并且有效地密封阻止外部大气进入的装置);nR 限制呼吸外壳(设计成能限制气体、蒸气和薄雾进入的一种外壳)。

3.1.8 浇封型"m"

1. 原理

如图 3-8 所示,将可能产生点燃爆炸性混合物的火花或高温表面的电气部件封入固化的复合物中,使其与环境中爆炸性气体无法接触,在运行或安装条件下不能点燃爆炸性环境。

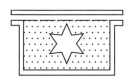

图 3-8 浇封型"m"结构示意

2. 主要结构要求

浇封用的复合物应具有足够的稳定性,能够承受电气设备长期运行过程中产生的高温和温度变化。

电路、电气元部件之间及其与外部环境之间有足够的距离或浇封厚度,保证绝缘性能。

电气元部件具有适当的可靠性,在故障条件下能保证电路的安全性。

设备有必要的保护装置,防止发生故障,防止导致设备过热和/或产生永久性损坏或减少设备使用寿命的非预期过载。

3. 典型应用

由于浇封的复合物本身的特性,这类设备不宜做得过大。一般元器件可靠性高、体积小的设备或采用这种防爆型式,例如电磁阀线圈、便携设备用电池、磁感应的接近开关等。

本节简单地介绍了各种防爆型式的原理、结构要求及典型应用。不同的防爆各有优缺点,没有一个完全适用所有情况的防爆型式,且防爆型式的具体结构要求往往与电气设备的功能、结构特点、使用要求相关,相同结构的产品在不同的使用要求下可能需要采用不同的防爆型式进行保护,防爆电气设备的制造单位可以根据需要合理选择一种或者多种防爆型式进行设计和制造,本书将主要讨论隔爆外壳型的相关内容。

3.2　防爆标志的要求

为了让使用人员正确地使用防爆电气设备,所有已经取得防爆标志的防爆电气设备应在设备外部主体部分的明显处设置标志,在设备安装之前标志应能被很容易地看到。标志宜设在设备安装后易看到的位置。如果标志设在设备的移动部件上,在设备内部可另设一相同标志,以便在安装和维护过程中避免与类似设备混淆。

标志通常应包含下列各项:

(1)制造商的名称或注册商标。

(2)制造商规定的型号标识。

(3)产品编号,但下列情况除外:

①接线用的附件(电缆和导管引入装置、挡板、连接板和绝缘套管)。

②表面积有限的非常小的电气设备。

(产品的批号可代替产品编号。)

(4)颁发防爆合格证的检验机构名称或标志,防爆合格证编号采用下列形式:2位数字的年份,随后是该年度防爆合格证顺序号,由4位数字组成,它们与年份之间用"."分开,通常可以在各个防爆检验机构的网站上查询到防爆合格证书的详细信息,以便辨别证书的真实性。

(5)如果检验机构有必要说明安全使用的特殊条件,则在防爆合格证编号后加上符号"X",设备上可标示警告标志来代替所要求的符号"X"。制造商宜确保将安全使用的特殊要求及有关文件提供给用户。当用户在使用防爆合格证号后面有"X"的防爆电气设备时,应当严格按照防爆合格证明文件或使用说明书中的要求进行安装、维护、使用等,以免影响防爆安全性能。

(6)爆炸性气体环境用具体的 Ex 标志,或爆炸性粉尘环境用具体的 Ex 标志。爆炸性气体环境用和爆炸性粉尘用的 Ex 标志应分开,不能组合在一起。

(7)按所列有关防爆型式专用标准规定的附加标志;为适用不同行业电气设备制造安全标准的要求,可增设附加标志。

由于防爆设备涉及的标准众多,防爆型式多种多样,且为了尽量详细地明确防爆设备的使用信息,设备上施加的防爆标志中包含了大量的信息,加上不同系列的标准所采用的标志又有差别,很多用户不能准确理解防爆标志所代表的含义，无法正确地根据标志进行选型、使用。因此，本节将简单地介绍我国目前标准体系中，防爆设备的标志中各部分的含义。

3.2.1 GB/T 3836 体系中用于气体环境的标志

常见的防爆标志如表3-1所示。

表3-1 典型防爆型式

Ex	db	[ib]	ⅡB	T4	Gb
(1)	(2)	(3)	(4)	(5)	(6)

表3-1中各部分含义分别如下：

(1)符号Ex，表明电气设备符合GB/T 3836.1所列专用标准的一个或多个防爆型式；

(2)所使用的各种防爆型式：

①"da"：隔爆外壳(对应EPL Ga或Ma)，"db"：隔爆外壳(对应EPL Gb或Mb)，"dc"：隔爆外壳(对应EPL Gc)；

②"eb"：增安型(对应EPL Gb或Mb)，"ec"：增安型(对应EPL Gc)，根据我国国情，部分增安型"e"仅适用于2区，详见GB/T 3836.15—2017；

③"ia"：本质安全型(对应EPL Ga或Ma)，"ib"：本质安全型(对于EPL Gb或Mb)，"ic"：本质安全型(对于EPL Gc)；

④"ma"：浇封型(对应EPL Ga或Ma)，"mb"：浇封型(对于EPL Gb或Mb)，"mc"：浇封型(对应EPL Gc)；

⑤"nA"：无火花(对应EPL Gc，最新版本标准中，该防爆型式已变为"ec")，"nC"：火花保护(对应EPL Gc)，"nR"：限制呼吸(对应EPL Gc)；

⑥"ob"：液浸型(对应EPL Gb或Mb)，"oc"：液浸型(对应EPL Gc)；

⑦"pxb"：正压型(对应EPL Gb或Mb)，"pyb"：正压型(对应EPL Gb)，"pzc"：正压型(对应EPL Gc)；

⑧"q"：充砂型(对应EPL Gb或Mb)。

在标准中，还有op光辐射、s特殊型等其他防爆型式，由于使用较少，在这里就不展开介绍了。

当一台电气设备的不同部分或Ex元件使用不同的防爆型式时，防爆标志应包括所有所使用的防爆型式符号，防爆型式的符号按字母顺序排列，彼此之间用空格进行间隔。例如，Ex db mb ⅡA T3 Gb表示同时采用了隔爆外壳、浇封两种防爆型式对不同部件分别进行保护的设备。

设备可设计制成不同的防爆型式,以便根据防爆型式的安装要求,选择合适的安装方式。例如设计成同时符合 Ex ib 和 Ex db 要求的设备,其标志为 Ex ib ⅡB T4 Gb/Ex db ⅡB T4 Gb,可根据用户/安装单位的选型进行安装。在这种情况下,设备上应分开标志出每个相关的 Ex 标志,并且每个标志之前应留有空间,以便安装时在选择的 Ex 标志前作出标记。

为了达到 EPL Ga 的保护级别,当同一电气设备采用两个独立的 EPL Gb 防爆型式时,Ex 标志应包括所使用带有防爆型式符号的两种防爆型式符号,并用"+"相连。

(3)关联设备:对于适合安装在危险场所的关联设备,如果危险场所的设备内部提供有限能措施,防爆型式的符号应用方括号括起来,如 Ex[ia]ⅡC T4 Gb。当关联设备类别与设备的类别不同时,关联设备的类别应用方括号括起来,如 Ex db[iaⅡC Ga]ⅡB T4 Gb,典型的例子是安装于隔爆外壳内的二极管安全栅。

对于适合安装在危险场所的关联设备,如果危险场所的设备外部提供有限能措施,防爆型式的符号不用方括号括起来,如 Ex iaⅡC T4 Gb,典型的例子是用本质安全光电池连接到安全区的隔爆外壳灯。

对于不适合安装在危险场所的关联设备,符号 Ex 和防爆型式的符号应用同一方括号括起来,如[Exia Ga]ⅡC。对于不适合安装在危险场所的关联设备,不包括温度组别。

对于既有关联设备又有本质安全设备,且不要求用户连接设备的本质安全部分的设备,关联设备的标志不应出现,设备保护级别不同时除外。如 Ex db ib ⅡC T4 Gb,而不是 Ex db ib[ib Gb]ⅡC T4 Gb,但是,如果设备保护级别不同,则 Ex db ia[ia Ga]ⅡCT4 Gb 是正确的。

(4)类别符号:

①Ⅰ类:煤矿用电气设备。

②ⅡA、ⅡB 或ⅡC 类:除煤矿外其他爆炸性气体环境用电气设备。标志ⅡB的设备可适用于ⅡA 设备的使用条件,同样,标志ⅡC 的设备可适用于ⅡA 和ⅡB 设备的使用条件。但Ⅰ类电气设备与Ⅱ类电气设备不能互换使用条件。

当电气设备仅使用在某一特定的气体中,则在符号Ⅱ后面的括号内写上气体的化学名称或分子式。

当电气设备除适用于特殊电气设备类别外还使用在某一特定气体中,化学分子式应加在类别符号的后边并用符号"+"分开,如ⅡB+H_2。

(5)温度组别的符号。常规的温度组别用 T1~T6 表示,特殊情况下,也可以标注最高表面温度(℃),如 600℃。

(6)设备的保护级别"Ga""Gb""Gc""Ma""Mb"。

3.2.2　GB/T 3836 体系中用于粉尘环境的标志

根据 GB/T 3836 系列标准设计制造的粉尘环境用电气设备标志与气体环境用电气设备的标志基本一致,但是在防爆型式、类别、温度组别、EPL 级别中有所区别,具体如下。

(1)所使用的各种防爆型式:

①"ta":外壳保护型(对于 EPL Da),"tb":外壳保护型(对于 EPL Db),"tc":外壳保护型(对于 EPL Dc);

②"ia":本质安全型(对于 EPL Da),"ib":本质安全型(对于 EPL Db)、"ic":本质安全型(对于 EPL Dc);

③"ma":浇封型(对于 EPL Da),"mb":浇封型(对于 EPL Db),"mc":浇封型(对于 EPL Dc);

④"pxb":正压型(对于 EPL Db),"pyb":正压型(对于 EPL Db),"pzc":正压型(对于 EPL Dc)。

(2)类别符号:ⅢA、ⅢB、或ⅢC 类,爆炸性粉尘环境用电气设备。标志ⅢB 的设备可适用于ⅢA 设备的使用条件,同样,标志ⅢC 的设备可适用于ⅢA 和ⅢB 设备的使用条件。

(3)最高表面温度摄氏度及单位℃,前面加符号 T。对 EPL Da,200mm 的粉尘层厚度用下标表示(如 T_{200}320℃)。因为不准许测定无粉尘层的 Da 级设备的最高表面温度,不能标志无粉尘层的最高表面温度。

对无粉尘层试验的 EPL Db 和 EPL Dc,最高表面温度应用摄氏温度值及单位℃表示,前面加字母"T"(如 T90℃)。

对 EPL Db,按照 GB/T 3836.1—2021 的 5.3.2.3.2b),适用时,除无粉尘层的标志外,还应用摄氏温度值和单位℃标出最高表面温度 T 最大粉尘层,规定的粉尘层厚度(单位为 mm)用下标表示(如 T_{150}320℃)。

对 EPL Db,按照 GB/T 3836.1—2021 的 5.3.2.3.2c),适用时,除无粉尘层的标志外,还应用摄氏温度值和单位℃标出最高表面温度 T_L,特定方向的粉尘层 L 用下标表示(如 T_L320℃)。

(4)设备的保护级别"Da""Db""Dc"。

3.3 防爆电气设备分类

在最新的 GB/T 3836、IEC 60079 等防爆设备的有关标准和 ATEX 指令中，为了便于有关单位选择合适的防爆电气设备，除规定了防爆电气设备的防爆型式外，还规定了设备的设备保护级别(EPL)，不同防爆型式的防爆电气设备，只要 EPL 相同，其保护能力也认为是相同的，例如 Ex ib Ⅱ B T4 Gb 的设备与 Ex db Ⅱ B T4 Gb 的设备具有相同的保护能力，都可以在同样的爆炸危险区域内使用，防爆电气设备的用户只需根据不同危险区域划分情况直接选择对应 EPL 的设备即可，无须过多考虑设备的防爆型式，减少了设备选型时的工作量，并能有效地避免错误使用。各设备保护级别分级及含义见表 3-2。

表 3-2 EPL 级别对照表(GB/T 3836、IEC 60079、EN 60079、NEC 505)

级别	ATEX 指令	代表含义
Ma	M1	煤矿爆炸性环境用设备，具有"很高"的保护级别
Mb	M2	煤矿爆炸性环境用设备，具有"高"的保护级别
Ga	1G	爆炸性气体环境用设备，具有"很高"的保护级别
Gb	2G	爆炸性气体环境用设备，具有"高"的保护级别
Gc	3G	爆炸性气体环境用设备，具有"一般"的保护级别
Da	1D	爆炸性粉尘环境用设备，具有"很高"的保护级别
Db	2D	爆炸性粉尘环境用设备，具有"高"的保护级别
Dc	3D	爆炸性粉尘环境用设备，具有"一般"的保护级别

通过以上梳理比较，可以归纳总结出不同爆炸危险区域内，各种标准体系防爆电气设备选型的对照关系，详细见表 3-3。由于我国煤矿井下防爆电气设备的选型需要依据《煤矿安全规程》，在本章节中不再讨论这一内容，可以查阅《煤矿安全规程》。

表 3-3 防爆电气设备选型对照表

爆炸危险区域		所需设备保护级别(EPL)		可选电气设备防爆型式
CB、IEC、EN、NEC 505	NEC 500	GB、IEC、EN、NEC 505	ATEX 指令	
0 区 (zone 0)	Class Ⅰ Division 1	Ga	1G	隔爆型 da
				本质安全型 ia

续表

爆炸危险区域		所需设备保护级别(EPL)		可选电气设备防爆型式
GB、IEC、EN、NEC 505	NEC 500	GB、IEC、EN、NEC 505	ATEX 指令	
0区 (zone 0)	Class Ⅰ Division 1	Ga	1G	浇封型 ma
				为0区设计的特殊型 s
1区 (zone 1)	Class Ⅰ Division 1	Gb	2G	适用于0区的防爆型式
				隔爆型 db
				增安型 eb
				本质安全型 ib
				正压外壳型 pxb、pyb
				液浸型 ob
				充砂型 q
				浇封型 mb
				为1区设计的特殊型 s
2区 (zone 2)	Class Ⅰ Division 2	Gc	3G	适用于0区和1区的防爆型式
				隔爆型 dc
				增安型 ec
				本质安全型 ic
				正压外壳型 pzc
				液浸型 oc
				n 型 nC、nR
				浇封型 mc
				为2区设计的特殊型 s
20区 (zone 20)	Class Ⅱ Division 1	Da	1D	外壳保护型 ta
				本质安全型 ia
				浇封保护型 ma
21区 (zone 21)	Class Ⅱ Division 1	Db	2D	适用于20区的防爆型式
				本质安全型 ib
				外壳保护型 tb
				浇封保护型 mb
				正压保护型 pxb、pyb

续表

爆炸危险区域		所需设备保护级别(EPL)		可选电气设备防爆型式
GB、IEC、EN、NEC 505	NEC 500	GB、IEC、EN、NEC 505	ATEX 指令	
22 区 (zone 22)	Class Ⅱ Division 2	Dc	3D	适用于 20 区和 21 区的防爆型式
				本质安全型 ic
				外壳保护型 tc
				浇封保护型 mc
				正压保护型 pzc

注：1. 防爆电气设备的防爆等级和温度组别应当根据爆炸危险区域内存在的爆炸危险物质特性选择，与区域划分无关；当有多种爆炸危险物质时，设备应当适用于全部物质。

2. 粉尘爆炸危险区域内可选防爆型式 ta、tb、tc、ia、ib、ma、mb、mc、pxb、pyb、pzc 是依据 GB/T 3836 进行标志的，当现场所用设备采用的是原 GB 12476 系列标准中各防爆型式时，需要按各自防爆型式对应选用。

通过以上的归纳和汇总，已经基本整理出了各种防爆电气设备相关标准的对照关系，相关的设计、安装单位只需根据爆炸危险区域的类别、危险物质的等级和温度组别选择相应的防爆电气设备，而不用过多地考虑具体的防爆型式，极大地减轻了选型上的工作量，并且通过以上的比较对照，能够方便地合理选择依据不同标准体系的防爆电气设备，在确保现场安全的前提下，有效降低设备的成本。煤矿井下设备的选型和安装使用，应当根据国家主管部门颁发的《煤矿安全规程》进行。

需要特别提醒的是，以上仅仅是对不同的标准进行比较归纳，总结出在我国标准体系下各种防爆电气设备选型的建议，不等于国外的防爆电气设备可以直接在我国使用，由于不同标准对防爆电气设备的技术要求、检验要求存在差异，相同防爆型式或者防爆等级的设备，安全参数与我国并不完全一致，例如 UL1203 标准中隔爆参数、试验方法和 GB/T 3836.2 中的均不一致。当需要在现场使用这样的防爆电气设备时，应当经过我国授权的有资质的检验机构确认，必要时还应进行差异性的检验，确保其安全性符合我国标准对其的要求。煤矿井下用的防爆电气设备还需要取得矿用安全标志（MA）方可下井使用。

当然，由于防爆标准的不断更新，新的防爆型式不断出现，例如隔爆外壳 "d" 保护的设备增加了 "da" "dc" 两种防爆型式，对应的 EPL 分别为 Ga、Gc，这就需要有关的单位注意学习，及时跟进标准动态。

本章思考题

1. 什么是爆炸,爆炸有哪些分类,各具有哪些特点?
2. 爆炸产生需要哪些条件?
3. 如何防止爆炸或者减少爆炸的损失?
4. 什么是爆炸性物质的爆炸上限和下限?
5. 爆炸性物质为什么要分类、分组?其区分的依据是什么?
6. 什么是最大试验安全间隙、最小点燃电流?
7. 为什么要对爆炸危险场所进行区域划分?区域划分的依据是什么?
8. 如何进行爆炸危险场所的区域划分?如何根据区域划分的结果合理选择防爆电气设备?
9. 常见的防爆电气设备相关的标准有哪些,分别从国内、国际上进行简单介绍。
10. 常见的防爆型式有哪些,分别介绍其防爆的原理,并着重介绍 d、e、i 型。
11. 一个完整的防爆标识由哪几个部分构成,分别代表什么含义。

第4章 隔爆外壳设计要求

具有隔爆外壳的电气产品,简称隔爆型电气产品。用隔爆外壳保护的型式是电气防爆领域最早形成成熟设计和制造标准的一种防爆型式,也是经实践检验安全性能和使用性能结合最实用的一种防爆型式,各类爆炸性气体环境作业场所80%以上的电气产品采用了这种防爆保护型式,它对促进生产过程电气化和自动化、保证生产安全用电起到了重要作用。

隔爆型电气产品设计和制造除应符合 GB/T 3836.1《爆炸性环境 第1部分:设备 通用要求》要求外,还应符合 GB/T 3836.2《爆炸性环境 第2部分:由隔爆外壳"d"保护的设备》规定的结构和试验专用要求,当 GB/T 3836.2 中内容与 GB/T 3836.1 有冲突时,应以 GB/T 3836.2 的要求为准。

4.1 由隔爆外壳"d"保护的设备防爆原理

当电气设备在使用时,由于导体电阻的热效应,电气部件及线路会发热;由于开关、继电器等电气元件正常工作时引起的电路通断,会产生电气火花或电弧;由于电气部件之间的绝缘或间距不够,不同电势的导电部件之间会发生短路、击穿等故障而发热、产生电气火花或电弧,这些在普通环境中可能仅仅引起设备故障、线路故障等,但如果在爆炸性环境中,将可能点燃爆炸性环境中爆炸性物质而爆炸。因此,有必要采取措施,防止电气设备引起爆炸事故。

最直接的措施是,不考虑设备的工作原理、功率大小,将电气设备都安装在一个足够坚固的外壳内部,即使电气设备引起其周围的爆炸性物质的爆炸,由于被外壳包裹,爆炸产生的高温、高压不会扩散到整个环境中,从而不会导致更加严重的后果。因此,这个外壳首先应当具有足够的强度,以承受内部爆炸产生的压力。

电气设备在制造、使用时,不可避免地需要打开外壳进行安装、调试、检修等工作,不可能将外壳焊接成一个完全封闭的整体,因此在外壳就不可避免地形成了两个不同部件接合的结构,在接合的位置上存在着间隙,为了防止设备内部的爆炸火焰从接合部位的间隙传播到周围环境中,需要对接合的结构进行特殊的设计。这个就是标准中所说的隔爆接合面参数。

另外,设备在爆炸性环境中使用时,外壳本身也不应当成为点燃源,长期运行时,设备外部的表面不应有足以引起点燃的高温。隔爆外壳内部的高温即使引起点燃,也无法传播到外部,无须考虑其点燃风险,但应当防止断电后马上开盖时,高温表面的温度还没有下降到最低点燃温度以下,因此,有些情况下需要在外壳外部施加警告标志,断电足够时间后方可打开盖板。

当外壳采用金属材料制造时,如果受到外部的敲击、摩擦,可能会产生机械火花,引起点燃。铝、镁、钛、锆等轻金属被生锈的铁碰撞后,极易产生高温的机械火花,因此,应当严格控制金属外壳材料中的轻金属成分的比例。需要注意的是,虽然大部分情况下,铜及铜合金都是不发火,被其他金属碰撞后不会产生高温机械火花,经常被用作防爆工具,但是铜可以和乙炔形成乙炔化物,受到摩擦、碰撞后,乙炔化物会剧烈燃烧,因此,如果设备预计用于有乙炔的环境,隔爆外壳材料应控制铜的含量不超过60%。

外壳还应当具有足够的稳定性,不应在日常使用中发生腐蚀,活性高的锌及锌含量超过80%的合金就不适合制造防爆设备的外壳。

当外壳采用除玻璃、陶瓷以外的非金属材料制作时,除需要考虑其在长期工作中,因承受高温、低温而引起的性能下降外,对用于煤矿井下的灯具透明件、非矿用场所的外壳,还需要考虑其因暴露在紫外线中而引起的性能下降。另外,非金属受到摩擦后会积聚静电,当静电在足够高的电势放电时,将点燃环境中的可燃性物质。因此,需要避免产生静电或防止静电积聚,可以选择防静电材料或尽快将静电释放的措施来降低静电点燃的风险。

1. 外壳耐压(耐爆性)

隔爆外壳耐压是要求外壳能承受壳内爆炸性混合物爆炸时所产生的爆炸压力,而本身不产生破坏和变形的能力。要求外壳具有足够的强度,在爆炸发生时不会损坏,没有影响隔爆性能的永久变形。

当爆炸发生时,密闭的隔爆外壳内部会产生高温和高压,爆炸性气体混合物产生的温度和压力随着火焰从点燃源向外壳壁传播而减小,点燃源处的温度最高,火焰表面的温度最低。爆炸发生时,除了高温,还有很高的爆炸压力,爆炸压力的大小可以由下式表示:

$$P = P_0 \frac{T}{T_0} \frac{m}{n}$$

式中:P 为爆炸压力(MPa);P_0 为初始压力(MPa);T 为爆炸性气体混合物的燃

烧温度(K);T_0 为爆炸性气体混合物的初始温度(K);m 为爆炸生成物的分子数;n 为爆炸前混合物的分子总数;

从上述公式可以得知,爆炸性气体混合物爆炸时的压力,不仅与爆炸前后的分子数、温度有关,还和初始压力有很大的关系,随着初始压力的增加,爆炸压力基本呈线性增加。

例如,科研人员运用10J的点火能量,在不同的初始压力条件下,对10.0%的甲烷进行爆炸压力测定,其试验结果如表4-1所示。

表4-1 初始压力对甲烷爆炸压力的影响

序号	甲烷浓度/%	点火能量/J	初始压力(表压)/MPa	最大爆炸压力/MPa
1	10.0	10	0.103	1.570
2	10.0	10	0.188	2.109
3	10.0	10	0.298	3.080
4	10.0	10	0.403	3.786
5	10.0	10	0.499	4.683

在同一文献中,其所用甲烷火焰温度为2410K,试验时温度为25℃左右;另外由甲烷与氧气的反应式 $CH_4 + 2O_2 \Longrightarrow CO_2 + 2H_2O$ 可知,反应前后的分子总数无变化。可以得到如图4-1所示的曲线图。

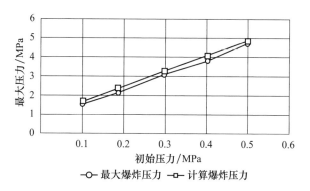

图4-1 初始压力对最大爆炸压力的影响

从图4-1中可以看到,试验所得的最大爆炸压力和计算所得压力值的变化趋势相同,但略小于计算值。这一结果的原因是:爆炸过程中,壁面热量损失、少量气体泄漏会带走部分热量,以及可能有少量气体未能完全燃烧。

此外,外壳的大小、形状、点燃源位置、点燃能量对爆炸压力也有很大影响。

通过试验证明,爆炸压力随外壳的净容积的增加而略有增加,但这种关系并非线性的,当容积为 2~8L 时,爆炸压力随着容积的增大而稍微有些增加,当容积达到 25L 以上时,压力基本没有变化;当容积大于 64L 时,由于爆炸过程中爆炸速度的异常增加,造成较大的压力分布不均匀,点火侧和相对侧的爆炸压力可能出现较大差异。

外壳的形状对爆炸压力也有一定的影响,对同一种混合物,在同样容积的不同形状的外壳中发生爆炸时,球形外壳的爆炸压力大于立方体外壳,立方体外壳爆炸压力大于圆柱体,圆柱体爆炸压力大于长方体。此外,外壳内部元器件的布置对爆炸压力也有显著影响。内部元器件可能会增加爆炸传爆过程中气体的湍流,加剧爆炸火焰的传播,导致爆炸压力的增大。

在球形外壳中,点燃源位于球心时,爆炸压力最大,离中心越远,爆炸压力越小。点燃源的功率对爆炸压力的影响也很大,例如,电火花点燃时的爆炸压力要远小于弧光短路时的爆炸压力。

通过对爆炸原理的分析,直接影响安全的是爆炸时产生的高温、高压,隔爆外壳必须有足够的机械强度的材质,其抗拉强度、刚性等应达到一定要求,才能承受爆炸压力。对于隔爆型电气产品外壳材料通常建议采用钢板或铸钢材料,当外壳采用铝合金、铸铁和非金属等材料时,往往需要对其使用范围进行必要的限制。

隔爆外壳内的爆炸压力还随外壳上隔爆接合面间隙的不同而改变,内部爆炸压力能够通过间隙而被部分地释放,当容积相同时,隔爆外壳的接合面间隙越大,爆炸压力越小,如在有间隙的情况下甲烷爆炸产生的压力约 0.7MPa,隔爆外壳的接合面有衬垫时,因衬垫的存在使间隙的泄压作用消失,爆炸压力就高,外壳必须承受住更大的压力。对于产品而言,由于受隔爆外壳结构、间隙和材料等因素影响,不同隔爆型电气产品内部爆炸压力无法准确预测或根据经验估算,需要以实际测得的压力值为过压试验的参考压力值。

需要注意的是,隔爆外壳内部的形状应当尽量简单,并且尽量不要出现两个或多个空腔连通的情况,即使连通,也应用较大的开口,避免用小开口连通两个较大的空腔,以免形成压力重叠现象。

2. 内部点燃不传爆(隔爆性)

隔爆外壳的内部点燃不传爆性能是指外壳内爆炸时产生的生成物(火焰)穿过间隙时,不会引起壳外可燃性气体混合物爆炸的性能。隔爆外壳由于制造和使用的需求,不可避免地存在很多配合间隙,当隔爆外壳内部发生爆炸时,爆炸产生的火焰会沿着这些间隙向外传播,由于这些间隙两侧的壁面温度处于环境温度中,当高温的火焰沿着壁面传播时,火焰的热量传递给低温的壁面,使火焰温度不断降低。火焰传播的通道越长,热量损失的过程越长;火焰传播通道越狭窄,进入通道所携带的总热量越小。符合一定要求的配合间隙能起冷却和熄灭火焰的隔爆作用,使内部的火焰在经过间隙到达外壳外部时,已经没有足够的能量点燃周围环境中的爆炸性物质;间隙配合处的构件刚度好、安装配合牢固,壳内爆炸时产生的压力不容易使接合面构件产生变形,隔爆性能就越好。相反,这种间隙越短越大时,穿过间隙的爆炸生成物能量就越多,传爆的可能性就越大,隔爆性能就越差。

隔爆接合面降低了火焰的能量,阻止了火焰的传递,达到了防止环境中爆炸性混合物爆炸的目的,同时能泄放爆炸时隔爆外壳内产生的压力。在弧光短路的情况下,混合物被能量非常大的电弧点燃,爆炸生产物除了包含有爆炸性气体燃烧后的生产物,还包含了被电弧融化的短路电极的金属微粒,这些粒子不仅本身具有很高的动能和热量,而且能发生氧化、燃烧,很容易就点燃了周围环境的爆炸性气体混合物。因此,针对这种情况,应该在主回路的触点上配置灭弧装置,防止发生弧光短路时爆炸生成物窜出隔爆间隙而造成传爆。

4.2 隔爆型电气产品防爆结构

隔爆型电气产品是将电气本体置于隔爆外壳内,在外壳合适的位置上配置观察窗、按钮、转轴、引入装置等附加部件,使产品能满足使用功能要求。为了实现隔爆外壳耐爆和隔爆性能,不使外壳内部发生的爆炸传到外部,GB/T 3836.2—2021《爆炸性环境 第2部分:由隔爆外壳"d"保护的设备》对隔爆外壳的结构、隔爆接合面尺寸和外壳材质等作了详细规定,同时对衬垫和"O"形环、粘结接合面、操纵杆(轴)、转轴和轴承、透明件、呼吸装置和排液装置及电缆引入装置等内容作了具体规定。

4.2.1 隔爆外壳材质要求

隔爆外壳材质要求如下:

(1)根据耐爆性能和隔爆性能要求,用于煤矿井下采掘工作面用电气设备(包括装在采煤机、掘进机、装岩机、输送机等机械上的电气设备)的外壳须采用钢板或铸钢制成;外壳上零部件或装配后外力冲击不到的及容积不超过2000 cm^3 的外壳,可用牌号不低于HT250的灰铸铁制成。

(2) 用于煤矿井下非采掘工作面用隔爆外壳也可以用牌号不低于 HT250 的灰铸铁制成。Ⅱ类外壳铸铁材料等级应不低于 ISO 185 中的 150 级。

(3) 锌和锌合金容易迅速降低品质(如抗拉强度性能),隔爆外壳不应用锌或锌含量高于 80% 的锌合金制成。

(4) Ⅰ类外壳容积不大于 2000cm^3 时,可采用非金属材料制成。但通常不建议直接在非金属外壳上制作紧固用螺纹(出线口除外)。非金属材料主要采用工程塑料制成,这种材料具有易成型、易切削加工、比重轻、易于制造等优点,但使用这种材料制作隔爆外壳时必须注意到塑料在高温下易发生分解和变形的性质。因此,在具有大量热源和能发生大电弧的电气产品上不宜使用非金属外壳。当采用非金属材质时,应当按 GB/T 3836.1—2021 第 7 章要求确认材料的适宜性,并且还应避免非金属外壳本身由于积聚静电而成为点燃源。

(5) 虽然在大多数情况下,铜及铜的合金是良好的隔爆外壳材质,但是用于含有乙炔的爆炸性气体环境中的呼吸或排液装置的元件的含铜量不应超过 60%(按质量计),以限制乙炔化合物的形成。

(6) 考虑到轻合金与生锈铁机械撞击和摩擦产生火花所释放的能量会引起足够浓度的爆炸性气体的点燃爆炸,金属外壳和外壳的金属部件应当控制铝、镁、钛、锆的含量,在 GB/T 3836.1—2021 的第 8 章中,详细规定了不同防爆类别、不同 EPL 级别的要求。Ⅰ类设备不宜采用轻金属制造外壳,手持式、携带式、灯具的外壳可用抗拉强度不低于 120MPa 的轻合金制成,但应按 GB/T 13813 标准进行摩擦火花试验考核。

4.2.2 隔爆接合面形式

隔爆接合面是指隔爆外壳不同部件相对应的表面或外壳连接处配合在一起,并且能够阻止内部爆炸传播到外壳周围爆炸性气体环境的部位,根据内部爆炸生成物传播的路径方向及配合形式,隔爆接合面形式分为平面隔爆接合面、圆筒式隔爆接合面、螺纹隔爆接合面、粘结接合面等。

1. 平面隔爆接合面

平面隔爆接合面相对连接配合表面为平面,这种结构常见于门盖与壳体的连接,也用于不同腔体之间的连接等。连接方式主要有螺栓紧固、采用卡块和齿条等紧固形式,卡块和齿条常常用于快开门结构中。平面隔爆接合面需要控制其接合面的宽度、间隙,如果采取螺栓紧固的方式,还应关注螺栓孔到法兰边缘的距离。

2. 圆筒式隔爆接合面

圆筒式隔爆接合面,相对连接配合表面为圆筒状,圆筒式隔爆接合面间隙一般情况是指最大直径差。考虑到正常使用过程中直径间隙可能因磨损而增大,对那些频繁使用的部位应采取措施加设可更换的衬套,从而控制间隙的增大,在实际使用中为了减少磨损,常常采用铜套或采用铜杆方式。如果是在工作时会发生轴向位移的按钮等,应特别注意在最不利装配位置下的最短隔爆接合面长度。

3. 螺纹隔爆接合面

螺纹隔爆接合面的相对表面使螺纹连接,螺纹接合面要求螺纹啮合完整、无烂牙和缺损等现象。隔爆电气产品上的圆柱形螺纹接合面需满足:

(1) 螺纹螺距 $\geqslant 0.7$ mm;

(2) 螺纹最小啮合扣数 5 扣;

(3) 轴向啮合深度当壳体容积大于 100 cm^3 时最小为 8mm,当壳体容积不大于 100 cm^3 时则最小为 5mm;

(4) Ⅰ类设备的螺纹隔爆接合面须有防止自行松脱的措施。

如果制造商规定的螺纹接合面宽度按照 GB/T 3836.2—2021 中表 9 规定的量减少时仍能通过 GB/T 3836.2—2021 中 15.3 规定的内部点燃不传爆试验,则允许采用螺纹形状和配合等级不符合 GB/T 197 和 GB/T 2516 规定的圆柱形螺纹结合面。

而当采用锥形螺纹时,每个部件上螺纹扣数应当不少于 5 扣,螺纹应符合 ANSI/ASME B1.20.1 美国标准锥管螺纹(NPT)的要求,并且拧紧密封。带凸缘或空刀的外螺纹应:

(1) 有效螺纹长度不小于尺寸"L2"。

(2) 凸缘端面和配合螺纹尾部间的长度不小于尺寸"L4"。

内螺纹的测量应使用 L1 塞规在"埋入"至"2 圈"处进行。

4. 粘结接合面

隔爆外壳的部件可直接粘接在外壳壁上构成隔爆外壳的一部分,这种能阻断火焰传播路径的结构称为粘结接合面。粘结接合面可以不按隔爆接合面参数要求,但这时应承受 GB/T 3836.1 规定的耐热试验和耐寒试验。从容积为 V 的隔爆外壳内侧到外侧穿越粘结接合面的最短路径应为:

当 $V \leqslant 10 cm^3$ 时,不小于 3mm;

当 $10 cm^3 \leqslant 100 cm^3$,不小于 6mm;

当 $V>100cm^3$ 时,不小于 10mm。

采用粘结结构时,应确保粘结工艺满足粘结处的机械强度和隔爆性能,外壳强度结构应使组件的机械强度不依赖粘结材料的粘结强度,要求胶黏剂对机械和化学溶剂等作用具有足够的抵抗能力等。

其余型式的接合面由于加工、检验不方便,难以保证质量,通常不实际采用,本书就不多介绍,可根据标准中相应的要求进行设计、制造。

4.2.3 隔爆接合面的基本要求

隔爆接合面是隔爆外壳起防爆作用的关键地方,隔爆接合面的宽度、间隙、粗糙度构成了隔爆接合面三要素。GB/T 3836.2《爆炸性环境 第 2 部分:由隔爆外壳"d"保护的设备》对隔爆接合面的最大间隙或直径差 i_c、隔爆接合面最小有效宽度 L、隔爆接合面边缘至螺孔边缘的最小有效宽度 l 和隔爆接合面粗糙度都作了具体规定,由于相关标准中对各种类型隔爆接合面参数都作了相当明确的规定,且标准更新时,可能会对隔爆接合面参数的要求进行修改,本书就不再重复叙述了。

无论是长期关闭或是经常打开的外壳,在没有压力时应符合 GB/T 3836.2 中的第 5 章的要求,即最不利的装配情况下,隔爆接合面间隙、宽度和距离、粗糙度及防锈等都应符合标准要求。

1. 隔爆接合面间隙

隔爆接合面间隙是指电气产品外壳组装完成后,隔爆接合面相对应表面之间的距离,对于圆筒形隔爆接合面,间隙是两直径之差。隔爆接合面间隙除降低爆炸生成物的能量外,还有泄放爆炸压力的作用,其大小是隔爆外壳能否隔爆的关键,无论是长期关闭或需经常打开的隔爆外壳,在没有压力和在最不利的装配情况下,隔爆接合面的间隙都应符合 GB/T 3836.2 标准要求。

标准规定防爆电气产品的隔爆结构应设计成能直接或间接检查经常打开的门或盖的平面接合面的间隙,平面接合面不应存在有意造成的间隙,如螺栓紧固时使弹簧垫压平即可,快开式的门或盖应能直接或间接检查经常打开的门或盖的平面接合面的间隙。

2. 隔爆接合面宽度和距离

隔爆接合面宽度是指从隔爆外壳内部通过接合面到隔爆外壳外部的最短通路(不包括螺纹隔爆接合面)。当隔爆接合面 L 被组装隔爆外壳部件的紧固螺栓孔分隔时,隔爆外壳内部通过接合面到隔爆外壳外部的最短通路被称为距离。隔爆结合面的宽度和距离用符号"L"和"l"表示。

3. 隔爆接合面粗糙度

隔爆接合面的表面粗糙度 Ra 须不超过 Ra6.3μm；电气产品中的操作杆、转轴、轴承是运动部件,长期运行时,过于粗糙的表面将会加速磨损,将导致隔爆间隙的增大,因此操纵杆等活动配合隔爆面表面粗糙度建议不高于 $Ra3.2$μm,这对防止隔爆面的锈蚀和保证隔爆间隙值都有好处,但粗糙度并非越小越好,当小于 $Ra0.8$μm 时,过于光滑的表面不利于阻碍火焰的传播。设计如图 4 – 2 所示。

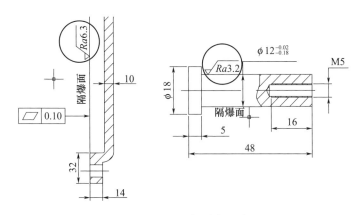

图 4 – 2　平均粗糙度设计

4. 隔爆接合面防锈

当制造隔爆外壳的材料可能由于生锈而影响隔爆性能时,隔爆接合面应进行防锈处理,通常隔爆接合面不允许涂漆或喷塑,除非证明涂敷材料和其涂敷工艺对接合面的隔爆性能不会产生不利影响。生产过程隔爆外壳装配前,在接合面上要涂敷防锈油脂,防止隔爆接合面生锈腐蚀。也可对隔爆接合面进行电镀,但金属镀层不应超过 0.008mm,如果厚度超过 0.008mm,则无镀层时的最大间隙仍应符合标准要求,且应根据无镀层时间隙尺寸进行传爆试验。

由于大多数爆炸危险场所条件恶劣,如煤矿井下、露天生产装置等,隔爆面极易锈蚀,因此矿用隔爆型电气产品的隔爆接合面的表面通常进行电镀、磷化和涂敷防锈油脂等防锈处理。

4.2.4　门盖结构

外壳门或盖法兰通常分为快开式、螺纹紧固件固定和螺纹式 3 大类。

1. 快开式门或盖

快开式门或盖是指通过一个装置的简单操作就可打开或关合的门或盖的结构。该装置的结构使操作分两个步骤完成：第一步关合，第二步锁住；或者第一步解锁，第二步打开。

这种结构由于开启方便，对于需要经常打开调整的产品非常适用，其常见的就是矿用隔爆型电磁启动器的圆形端盖、矿用隔爆型馈电开关的方形门盖及矿用隔爆型高压配电装置等的螺栓卡块结构。这类法兰在设计时，由于刚性较差，应注意适当加大隔爆接合面的宽度，通常建议不小于30mm；为了保持爆炸时隔爆接合面的间隙，法兰的厚度也应适当加厚，提高其刚性，且各方向的法兰都应有卡紧的装置，扣件的安装应当合理，有足够的强度保证爆炸时外壳的安全性。在设计时应尽量选择能方便测量隔爆接合面间隙、调整间隙的结构，保证产品在出厂、使用时可以检查间隙。

快开式门或盖应与隔离开关机械连锁：保证在隔离开关断开之前，外壳保持隔爆性能；当门或盖保持隔爆性能时，隔离开关才能够闭合。

2. 用螺纹紧固件固定的门或盖

用螺纹紧固件固定的门或盖是指其打开或关合需要操作一个或多个螺纹紧固件的门或盖。螺纹紧固件固定结构相对安全性更高，且加工方便。

3. 螺纹式门或盖

螺纹式门或盖应另外借助内六角紧定螺钉或等效的方法固定。

4.2.5 电缆引入装置

一般电气产品都有和其他产品连接的电路，这些电路上的连接需要通过由外壳引出、引入的电缆实现，电缆(光缆)的引入装置也应符合隔爆的要求。最常见的引入装置是采用橡胶密封圈的引入装置，选用内孔和电缆外径配套的密封圈，并用螺纹压紧螺母或者螺栓紧固的压盘将橡胶密封圈夹紧电缆，同时挤实引入装置的内孔，达到密封和防止电缆被拔脱的作用。螺母压紧式引入装置如图4-3所示。

如果电缆引入装置或导管密封装置能使用具有同样外径，但内径尺寸不同的密封圈，则在电缆引入装置壳体与密封圈之间以及在密封圈与电缆之间，密封圈的最小非压缩轴向密封高度(即间隙长度)对于直径不大于20mm的圆形电缆和周长不大于60mm的非圆形电缆，为20mm；对于直径大于20mm的圆形电缆和周长大于60mm的非圆形电缆，为25mm。

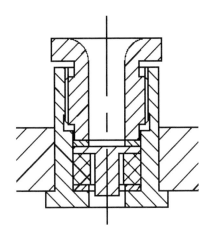

图 4-3　螺母压紧式引入装置

进出线装置多于一个时,考虑到在不引入(出)电缆时,形成对外通孔而造成失爆,必须设有合适的封堵件。如果采用分体式引入装置的,通常用防爆封堵件替换掉引入装置,封堵件的防爆结构应当与外壳的防爆型式相匹配,不降低整体的防爆等级。如果是一体式引入装置,则需要用金属堵板替代电缆,堵板的尺寸应与引入装置密封圈尺寸匹配,并将压紧装置压紧到有效的位置。

4.2.6　电缆进线方式

隔爆型电气产品通过电缆引入装置进行电气连接,根据是否有接线腔,分为直接引入和间接引入两种方式。GB/T 3836.2 附录 I 规定:对 I 类电气设备,正常运行时不产生火花、电弧或危险温度电气设备,额定功率不大于250W,且电流不大于5A的矿用电气产品允许将外电缆直接引入,可以减少一个隔爆空腔,从而便于制造和减小体积;间接引入方式是指电缆通过接线空腔或电缆连接器进行电气连接。对于不能使用直接引入结构的电气产品必须采用间接引入方式。

I 类隔爆电气产品的接线空腔内或直接进线的接线端子部分的电气间隙、爬电距离要求高于一般电气产品要求,应考虑接线端子间经导线连接后的电气间隙、爬电距离符合要求,对于不同电压等级和不同绝缘材料应分别规定电气间隙和爬电距离值。

II 类隔爆型电气设备虽然在结构设计上没有特殊限制,但是在安装时,应当按照 GB/T 3836.15 中的 10.4.2 中的要求,选择合适的电缆引入装置。当外壳内部有点燃源,且为ⅡC设备或者是容积大于 $2dm^3$ 安装在 1 区的设备,应当采用额外的密封措施。

1. 直接进线方式

直接进线方式不设专门的接线空腔,电缆直接引入主隔爆腔。对用于煤矿井下的Ⅰ类电气设备,如果电路中有非本质安全回路的继电器等火花元件时,应当采用固态型、密封型或符合防爆要求的其他继电器,但不得自行对继电器进行密封处理,防止非密封继电器被密封后产生高温,破坏继电器原有的安全性能。对于同时有隔爆腔和本质安全腔的直接进线产品,隔爆腔到本质安全腔通常建议采用接线端子连接。直接引入的接线端子部分的电气间隙和爬电距离应符合 GB/T 3836.3 的有关规定。

2. 间接进线方式

当隔爆型电气产品不符合直接进线要求时,应设专门的接线空腔或通过隔爆电缆连接器间接引入进线。采用接线空腔时外部导线和电缆与主隔爆外壳内部之间经过绝缘套管连接,绝缘套管要符合隔爆接合面的要求,绝缘套管与连接线连接过程中,应能保证结构不被损坏。图 4-4 所示为典型设有专门的接线空腔的产品设计图纸。

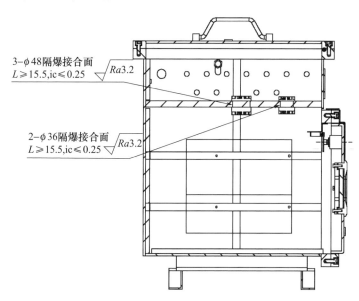

图 4-4 典型设有专门的接线空腔的产品设计图纸

3. 光缆引入方式

对于有光缆引入的产品,当结构符合直接进线要求时,选择符合防爆要求的光缆通过电缆引入装置进入外壳即可。当不符合直接接进线要求时,可以单独分出一个光电转换腔,将光电转换模块放在一个独立的腔体内,光信号转换为电信号后通过穿墙元件输送到主腔,因为光电转换模块和电源模块功率小,一般均能符合直接进线的要求,但需要注意的是不能将光电转换模块直接放在不符合直接进线要求的接线腔内。也可用符合防爆结构要求的过线组将光缆从进线腔体引入电气腔体内。

4.2.7 电气连接件

1. 接线端子

接线端子是间接进线方式常用的零件,如果承载的电流较小,还可以用多芯接线柱,以减少接线端子数量。通常接线端子安装在穿墙板上,形成螺纹隔爆接合面或者圆筒隔爆接合面。接线端子安装示意图如图 4-5 所示,接线端子常见的结构如图 4-6 所示。

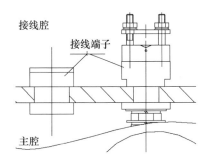

图 4-5 接线端子安装示意图

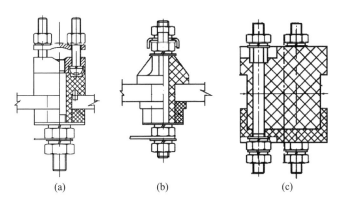

图 4-6 接线端子常见的结构

(a)叉式接线端子;(b)标式接线端子;(c)多芯接线端子。

2. 过线组

当有大量的小电流控制线路需要穿过隔爆外壳壁时,也可以选择符合隔爆要求的过线组,通常一个过线组有14路以上的线路,可以显著地节省安装接线时的工作量。需要注意的是,浇封结构的过线组,穿在其中的电线应有适当长度的环剥,防止爆炸时火焰从导线内部的空隙穿过。电线最好有支架固定,防止电线绕结在一起造成短路。为提供足够的浇封强度,通常规定沿要求的粘结接合面长度方向上至少有20%的横截面积被填料填充,浇封部分应在通过耐热耐寒试验后再进行相关的试验。这类产品和外壳配合的方式可以采用螺纹隔爆接合面或者轴孔配合的隔爆接合面,螺纹隔爆接合面应注意防松动的措施。过线组常见的结构如图4-7所示。

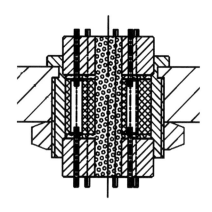

图4-7 过线组常见的结构

3. 电缆连接器

一套完整的隔爆电缆连接器通常含有插头、插座两个部件,插座安装在设备箱体上,插头连接电缆,插座和箱体、插头和插座之间有隔爆接合面,保证安装后的防爆安全,可以有效减少安装、移动时的工作量。设计时,可以直接选择有防爆合格证的产品。但由于插销连接器本身价格不低,增加了产品的成本,因此,目前插销连接器在国内只在组合开关这类大型的、有很多输入、输出的产品上使用得比较多,小型的产品上使用得不多。如果自行设计时,插头、插座应符合下列要求之一:

(1)用机械、电气或其他方法联锁,以使触头带电时插头和插座不能分开,并且当插头和插座分开后触头不得带电;严禁未插入插座的插头和元件带电。

(2)用特殊紧固件连接在一起,并按规定在设备上增设隔离标志。

在与电池连接的情况下,如断开前不能断电,则应设"只允许在非危险场所断开"的警告标志牌。

4.3 隔爆外壳上其他附件

除前述的这些主要零部件外,隔爆外壳上往往还需要有功能上的要求,例如显示、调整参数等,这就需要设置其他的结构,这些结构也与产品的防爆性能密切相关。

4.3.1 透明件(观察窗)

透明件采用玻璃或其他物理化学性能稳定,且能有效承受产品额定条件下的最高温度的材料制成,因这些透明件必须能承受爆炸性混合物爆炸时产生的爆炸压力和温度的作用,即包括机械冲击和温度冲击等作用,因此透明件一般采用钢化玻璃或硬质玻璃材料。透明件主要用于照明灯具的透明罩和开关的观察窗等,它们是隔爆外壳的一部分,除能承受规定的爆炸试验以外,必须能承受标准规定的机械冲击和热剧变试验,以保证受到一定的外力撞击或遇到剧烈温度变化时不发生破坏。隔爆型电气产品观察窗的结构常见以下两种:

(1)有金属衬垫型(图4-8),透明部件的接合面可以安装适当硬度的金属或金属包覆的不燃性可压缩衬垫材料,直接固定在外壳内表面,有隔爆作用的

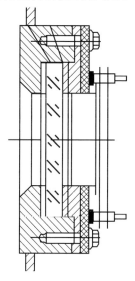

图4-8 有金属衬垫型观察窗结构示意图

衬垫如紫铜、铜箔包覆的衬垫等,衬垫的厚度通常不小于2mm,并且应当符合隔爆接合面的宽度与间隙的要求。观察窗内侧衬垫则可采用一般的橡胶衬垫,以起到缓冲的作用,防止透明件被压碎。安装透明件和衬垫的框应保证接触面平整,不应有凸台、毛刺、孔洞等缺陷,框的深度应当合理,保证有足够的压紧裕量,应保证金属衬垫的宽度及安装后的隔爆接合面长度符合标准要求。

(2)另一种固定方式采用粘结接合面结构,采用这种结构时,透明件可直接与外壳粘接为一体,粘接在外壳的内表面并符合粘结接合面要求;也可将透明件粘接到一个框架上,框架再安装到箱体上,框架和箱体之间符合隔爆接合面要求,这样使观察窗部分可以进行整体更换。

不管何种安装方式都要注意防止安装的透明件破损,安装时要采取措施避免在这些零部件中产生机械应力。

在GB/T 3836.2—2021标准中,新增了熔融玻璃接合面,熔融玻璃接合面是玻璃-金属接合面,通过将熔化玻璃用于金属框架,在玻璃和金属框架之间形成一个化学的或物理的结合而构成。从隔爆外壳内侧到外侧通过熔融玻璃接合面的最短路径不应小于3mm。但是这种工艺要求非常高,国外的制造商也极少采用这种类型的结构,如果采用,则需要注意严格控制工艺过程。

4.3.2 衬垫(包括"O"形环)

衬垫的使用有两种情况:

(1)隔爆外壳上为实现防潮、防水和防尘的要求,常常需要使用可压缩或弹性材料衬垫,如图4-9所示,这种衬垫仅起防护密封作用,而不能作为隔爆措施,在确定隔爆接合面宽度时不计入。安装衬垫时应保持隔爆接合面平面部分的允许间隙和宽度,同时衬垫在压缩前后应保持接合面圆筒部分的最小接合面宽度。

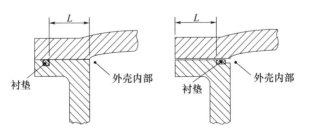

图4-9 隔爆接合面上衬垫示意图

(2)采用金属或金属包覆的可压缩不燃性材料的密封衬垫的接合面,如观察窗上密封衬垫就有密封作用,由于衬垫材料是通过压紧以后起到阻断火焰传播路径的作用,这样的密封衬垫还起到隔爆的作用,在此情况下,接合面平面部分的每个面之间的间隙应在压缩后测量,在压缩前后应保持接合面圆筒部分的最小接合面宽度。

4.3.3 呼吸装置和排液装置

呼吸装置和排液装置含有透气元件,这些元件应能够承受其所安装的隔爆外壳内部爆炸产生的压力,并且能够阻止向外壳周围爆炸性环境传爆。呼吸装置和排液装置应能承受隔爆外壳内部爆炸的动态效应而不产生损害其阻火性能的永久变形或损坏。

呼吸装置是指允许外壳内部气体与周围大气之间进行交换,并能保持防爆型式完整的装置。呼吸装置常见于可燃气体传感器等,如为测试可燃气体浓度,就需要将传感器外的可燃气体吸进传感器内部,因而就有了呼吸装置的隔爆结构。

排液装置是指允许将液体从外壳内排出,并能保持防爆型式完整的装置。排液装置应用于某些在使用中会出现凝结水等一些状况的产品中,液体可以通过此结构予以排放。

呼吸装置和排液装置常见的型式有波纹带状元件、烧结金属(粉末冶金)和压紧金属丝网。作为隔爆外壳的一部分,同样应能承受隔爆外壳内部爆炸的压力,并且能防止向外壳周围爆炸性环境传爆,即隔爆外壳内部产生爆炸时不会产生连续燃烧或削弱其阻火性能的损坏。

4.3.4 转轴、操纵杆

按钮与轴的结构类似,都是一个圆杆安装在一个套内,二者之间形成止口隔爆接合面,套或焊接在壳体上,或者用螺纹隔爆接合面、止口隔爆接合面安装在壳体上。需要注意的是,标准中规定:如果在正常使用中直径间隙因磨损可能增大时,则应采取使其易恢复到原始状态的结构。通常的做法是镶嵌铜套或者采用铜的按钮杆,但是承受较大转动力矩的转轴不建议用铜轴杆,因为铜杆不能承受大转动力矩,这时可通过使用符合标准规定的轴承来避免使间隙因磨损而增大,如电动机的转轴就采用这一结构。如果操纵杆的直径超过了最小接合面宽度规定,其接合面宽度应至少等于其直径,但不必过25mm。

4.3.5 紧固件

隔爆壳体的门或盖等处需要进行紧固,紧固件的强度及数量影响着外壳的强度以及隔爆性能,紧固件应有足够的机械强度,当壳体爆炸时不会引起螺栓断裂。紧固件应有防锈、防松措施,以保证隔爆接合面的间隙。隔爆电气产品紧固件有以下要求:

(1)矿用隔爆型电气产品外壳,用来把门、盖和堵板紧固在外壳上的紧固件应符合特殊紧固件的要求,其头部具有护圈或沉孔保护,或通过产品结构来保护头部,使紧固件头部免受冲击。

(2)不允许使用塑料材质或轻合金材质的紧固件。

(3)紧固件不应穿透隔爆外壳壁,结构上必须打穿的工艺孔或螺孔,应采用圆筒式或螺纹式隔爆型结构将其堵住,与壳壁构成隔爆接合面并且与外壳不可分开,如外露的端头用焊接、铆牢或其他等效方法永久性地堵死。

(4)对于不穿透隔爆外壳壁的螺孔,隔爆外壳壁的剩余厚度应至少是螺栓直径的1/3,最小为3mm。

(5)当螺栓不带垫圈被完全拧入隔爆外壳壁的盲孔中时,在孔的底部应至少保留一整扣螺纹的余量(如留有两倍松垫弹簧垫圈厚度的螺纹裕度)。

(6)紧固用的螺栓和螺母都必须附有防止松动的结构。

4.3.6 接地连接件

隔爆外壳接地除防止人身触电事故外,最重要的是防止金属外壳意外带电,遇到人体或金属工具时产生电火花而点燃爆炸性混合物。隔爆外壳上的接地连接件有内、外之分,连接件的尺寸应压紧$4.0mm^2$以上铜芯线,并有防松、防腐措施。电气产品的金属外壳和铠装电缆的接线盒,必须设有外接地连接件,并标示接地符号"⏚"。移动式电气产品,可不设外接地连接件,但必须采用具有接地芯线的电缆。

(1)金属外壳有专用外接地螺栓,有接地标志。

(2)接线盒内须有专用的接地螺栓,有标志。

(3)接地螺栓要求是不锈材料或进行电缆等防锈处理。

接地连接件必须进行防锈处理,其结构能够防止导线松动、扭转,且有效保持接触压力。

4.3.7 隔爆外壳内使用的电池

无论使用何种类型的电化学电池,应考虑防止在隔爆外壳内产生的电解气体(通常是氢气和氧气)形成的可燃性混合物。考虑到这一点,在正常使用时可能释放电解气体(通过自然排气孔或通过压力释放阀)的电池不能在隔爆外壳内使用。

只能使用 GB/T 3836.2—2021 的表 E.1 和表 E.2 中符合电池标准的电池。在隔爆外壳内不应使用排气式或开启式蓄电池来构成电池组；在隔爆外壳内可使用阀控式密封电池，但只能用于放电目的；当符合 GB/T 3836.2—2021 的 E.5 要求时，气密式蓄电池可在隔爆外壳内充电。

包含电池的隔爆外壳应设置 GB/T 3836.2—2021 的表 14 中 20.2 项(d)规定的标志。

电池组和与其相连的安全装置应安装牢固。电池和与其连接的安全装置之间不应有相对位移，否则会妨碍符合相关防爆型式的要求。

在短路放电条件下，电池应考虑外壳内的局部环境温度，电池的外表面温度不应超过电池制造商规定的电池连续运行温度，最大放电电流不应超过电池制造商规定的值。当这两个条件不能满足时，就需要安全装置，该安全装置应符合 GB/T 3836.4 对可靠元件的规定，尽量靠近电池的接线端子安装。

应当防止电池极性接反或在同一个电池组内被其他电池反向充电，以及防止在外壳内有另外的电源给电池充电，当在同一个外壳内有另外的电源(包括其他电池)时，电池及其关联电路应被保护，防止被其他电路充电。

"K"型、气密式镍－镉蓄电池可在隔爆外壳内充电。镍－氢电池只有当蓄电池标准有规定时才可充电。充电装置应防止反向充电。

4.4　"da"与"dc"保护等级的隔爆型设备

在最新版本的 GB/T 3836.2—2021 中，新增加了两种保护等级的隔爆型设备，"da"与"dc"，分别具有 Ga 和 Gc 的 EPL 级别。下面将分别介绍这两种防爆型式。

4.4.1　"da"保护等级

"da"保护等级仅适用于便携式可燃气体探测器的催化式传感器。可燃气体催化型传感器利用催化燃烧的热效应原理来实现测量可燃气体浓度的功能。传感器需要用检测元件和补偿元件配对构成如图 4-10 所示的测量电桥，通过合理设计电桥中元件的参数，当环境中没有可燃气体时，两个元件电阻相同，电桥处于平衡状态，当环境中有可燃气体时，由于检测元件内的铂丝电阻升高，使

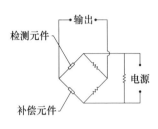

图 4-10 检测电路示意图

平衡电桥失去平衡,输出一个与可燃气体浓度成正比的电信号。通过测量铂丝的电阻变化的大小,就能知道可燃性气体的浓度。

检测元件是一个如图 4-11 所示的铂丝绕制成的线圈,在线圈外部包裹氧化铝和胶黏剂,烧结成球形,外部敷一层薄的铂、钯等稀有金属的催化层。当铂丝上通过电流时,检测元件发热并保持高温,温度可达 300~400℃,若有可燃气体接触,即使气体浓度很低,由于催化层的作用,也会在检测元件表面形成无焰燃烧,使检测元件的温度进一步升高,导致铂丝线圈电阻增大,可燃气体浓度越高,燃烧的温度越高,铂丝电阻越大。而补偿元件上没有催化剂层,可燃气体接触时无法在其表面形成燃烧,温度不会进一步升高,电阻值不会变化,从而与检测元件形成对比。

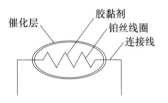

图 4-11 检测元件原理结构示意图

催化燃烧探头式传感器是最普遍应用的可燃性气体探测技术,无论是对于有机气体还是对于无机气体,都可以在催化层的作用下燃烧,应用范围广,被称为"不挑剔的传感器"。

在实际使用中,由于传感器所使用的场所往往都是爆炸性气体环境,检测元件和补偿元件表面的高温有点燃环境中爆炸性气体的危险,需要将其封装在具有防爆结构的壳体内,为了与环境保持气体交换,需要在壳体上设置呼吸装置,呼吸装置通常有波纹带状元件、多层筛网元件、烧结金属元件、压紧金属丝网元件、金属泡沫元件这样几种形式。有些传感器是将检测元件和补偿元件封装在一个腔体内,有些是分腔封装,无论哪种方式,其原理均是相同的。图 4-12 和图 4-13 就是典型的两种腔体结构的传感器。

图 4-12 单腔式传感器外观

图 4-13 两腔式传感器外观

由于催化式传感器元件在工作时的高温,其无法直接在爆炸性气体环境中使用,加上需要持续接触周围的环境,只能用如图 4-14 所示的带呼吸装置的隔爆外壳将其保护。在之前版本的标准中,d 型只能具有 Gb 的设备保护级别,无法将其应用到 0 区,而 0 区往往是需要持续监测环境中可燃气体浓度的,旧标准在使用时造成了极大的不便。在本次标准更新时,增加了"da"保护等级,使这类传感器可以在 0 区使用,方便了现场的使用。

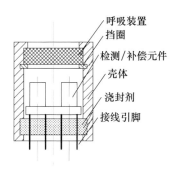

图 4-14 典型的单腔式传感器结构示意图

在标准中,需要满足以下条件,方可认为催化式传感器符合"da"保护等级:

(1)传感器内部的最大净容积不超过 $5cm^3$。由于传感器结构简单,这个要求基本都可以满足。

(2)导电体引入传感器应直接在外壳壁中使用符合标准要求的密封接合面。在本版标准中,当腔体容积≤$10cm^3$ 时,粘接接合面的最短路径不小于 3mm 即可,如果采用熔融玻璃接合面,最短路径也只需要不小于 3mm。

(3)传感器的呼吸装置应符合标准要求,并且无间隙地粘接在外壳壁上(如粘接或烧结),或应用补充机械固定方式压装在外壳的壁上(如型锻)。当检测元件和补偿元件分别封装在两个腔体内时,为了减小传感器体积,往往直接用烧结金属或金属泡沫制造传感器壳体;当采用单腔封装时,通常采用将呼吸装置压装到金属壳体上的结构。

(4)由"ia"保护等级的电路供电,最大耗散功率限制在 3.3W(对Ⅰ类)和 1.3W(对Ⅱ类)。这一功率要求是参考了小元件温度的要求。

(5)通过 50 次内部点燃的不传爆试验,如果是ⅡC 类设备,需要用氢气和乙炔各进行 50 次试验。

4.4.2 "dc"保护等级

"dc"保护等级是从 n 型设备中的 nC 封闭式断路器转移而来,但将试验气体的浓度修改为与"db"隔爆外壳相同。由于其结构特点及防爆原理与密封型、限制呼吸型不同,而与"db"保护等级的隔爆外壳相似,都是需要承受内部爆炸压力不损坏,并且也不应点燃环境中的爆炸性气体,因此,将这个结构放在隔爆外壳标准中更合适。

"dc"保护级别的保护型式往往应用在作为防爆元件的断路器或类似产品上。其内部净容积不应超过 $20cm^3$,最高额定值应限制在电压 690V 和电流 16A(均为交流有效值或直流)。当采用浇注密封和浇封复合物时,材料的连续运行温度范围应当能保证可靠地运行,下限应低于或等于最低工作温度,上限应比最高工作温度至少高 10K。

由于这类设备通常不是完整的产品,需要安装在其他外壳内部使用,"dc"外壳应能承受正常处理和装配操作而不损坏密封。如果"dc"外壳作为外部设备使用,就需要符合 GB/T 3836.1 中对外壳的要求。

电气设备的隔爆外壳是一个综合的结构,各个部件有不同的设计要求与方法,下一章将接着详细介绍各个部件的设计方法。

本章思考题

1. 隔爆外壳设计时主要依据哪几个标准?
2. 隔爆外壳的防爆基本原理是什么?其防爆原理是什么?
3. 隔爆外壳的基本要求是什么,分别从两方面简单说明。
4. 隔爆外壳主要由哪些部件构成?
5. 隔爆外壳的常用的材质有哪些?防爆标准中对这些材料有什么要求?
6. 隔爆接合面有哪些型式?各种隔爆接合面的参数包括哪些?
7. 如何确定各类平面隔爆接合面的宽度、距离,分别画图说明。
8. 隔爆接合面的防锈有什么要求?
9. 电缆引入装置用密封圈,尺寸有什么要求?
10. I 类电气设备,什么情况下允许直接进线?接线空腔或直接进线的接线端子部分有什么要求?
11. 观察窗在设计时,应当注意哪些要求?
12. 特殊紧固件有什么要求?
13. 隔爆外壳内允许使用哪些种类的原电池、蓄电池?在使用时,需要采取哪些措施?

第 5 章 隔爆结构设计

5.1 隔爆型电气产品防爆设计要求

根据隔爆型产品的使用特点,隔爆外壳设计的目标首先就是安全、可靠,必须优先保证产品的安全性能及使用性能,在实际设计隔爆产品的外壳时,应根据产品的特点,结合标准的要求,灵活掌握,要考虑减小产品加工、安装的难度,且设计时尽量简化产品结构,隔爆外壳上不必要的结构越少,产品可能存在的故障点越少,越利于产品质量的提高。

5.1.1 外壳结构要求

首先根据产品的电气芯体确定隔爆外壳整体结构,根据产品的电气性能决定产品的进线方式是采用直接进线还是间接进线;其次选择合适的法兰结构类型,法兰通常分为快开门、螺栓紧固两大类。快开门由于开盖方便,对于需要经常开盖调整的设备非常适用,这种结构常见的就是矿用隔爆型电磁启动器产品的圆形端盖、矿用隔爆型馈电开关类的方形门盖和矿用隔爆型高压配电装置上出现的螺栓卡块结构。这类法兰在设计时,应注意保证隔爆接合面的宽度,通常建议不小于30mm,为了保持爆炸时隔爆接合面的间隙,法兰的厚度也应适当加厚,提高其刚性,且各方向的法兰都应有卡紧的结构,扣件的安装应当合理,有足够的强度保证爆炸时外壳的安全性。在设计时应尽量选择能方便测量隔爆接合面间隙、调整间隙的结构,保证产品在出厂、使用时的间隙。快开门应与隔离开关机械连锁,使其直至隔离开关断开之前,外壳保持隔爆性能;当门或盖保持隔爆性能时,隔离开关才能够闭合。

5.1.2 附件设计

在产品的主体结构确定完成后,就可以根据产品的使用功能要求在合适的位置配置观察窗、按钮、转轴、引入装置等附件,同一个厂家的附件尽量设计为标准模块,这样的附件通用性强,方便设计时选用,可以节省零件的库存,降低成本。同时,附件的设计还应考虑到安装元器件的方便,例如,壳体上的按钮、转轴等,尽量设计在壳体靠近门处,而不要设计在靠里面的位置。

螺纹紧固件固定结构按安装孔类型,可分为通孔法兰、盲孔法兰和混合孔法兰。盲孔法兰需要注意孔底深应符合 GB/T 3836.2 的要求,选用螺栓的长度要适中,太长会顶住孔底,导致压不实盖板,太短会因为螺栓拧入的扣数不够,导致压紧的强度不够;混合孔法兰在设计时应尽量保证螺栓长度一致,可采用加厚法兰,或者在盲孔处法兰背面加焊搭子,防止使用维护过程中由于不同长度的螺栓位置互换而产生安全风险。根据螺栓和壳体相对位置,可分为螺栓在外侧和螺栓在内侧两种型式。当螺栓在内侧时,应注意螺孔底部剩余的厚度,以及法兰内孔对于芯体安装的影响。

当观察窗玻璃采用金属衬垫时,应保证金属衬垫的宽度及安装后的接合面长度符合相关的标准要求,并且安装透明件、衬垫的框应保证平整,不应有凸台、毛刺、孔洞等缺陷,框的深度应当合理,保证有足够的压紧裕量。

接线端子是最常见的型式,通常可以优先根据产品电路的电压、电流直接选择符合 JB 4002 或其他相关标准的标准件,以减少设计及选购时的工作量,并提高产品的通用性。需要注意的是,如果有较多回路的小电流线路,建议优先选择多芯接线柱,可以有效地减少接线端子数量。在设计和选择接线端子的时候,应注意隔爆接合面的长度符合标准要求。如果穿墙板比较薄,不能满足隔爆接合面宽度要求时,可以加焊厚的座板,以达到标准规定的最小接合面长度;并且接线端子应有防转措施,防止接线端子在安装接线时转动,通常采用单独的防转板或者防转柱来实现这一要求;对于接线腔内的接线端子,必须保证电气间隙、爬电距离符合标准的要求,在设计时应考虑全面,除了接线端子之间应满足要求,接线端子和箱体之间也应满足要求,而且还应充分考虑到安装接线的便利。

5.1.3 隔爆外壳内的压力重叠

压力重叠是指外壳包括几个相互连通的空腔或内部零件的排列被分隔,则可能产生比正常情况下更大的压力和压力上升速率。当一个空腔引爆后,其火焰将向另一空腔传播,由于火焰的前沿面比爆炸压力传播速度要慢,另一空腔首先进行气体预压再点燃爆炸,这样产生的爆炸压力可能会比前一个空腔高数倍,严重时将造成壳体的损坏。即使在同一空腔中,当外壳三维尺寸之比过大、电气部件安装不合理时也会产生压力重叠现象。应通过结构设计尽可能预防这些现象,如果不能避免这些现象,在外壳设计时就应考虑承受更高的应力。

在设计制造隔爆外壳时应尽量避免采用多个相连空腔结构,如果无法避免这种结构则应尽量增大各空腔间连通孔的面积。因为多空腔压力重叠的过压大小与两空腔容积比以及连通孔横截面积有关。当两空腔容积比一定时,连通孔横截面积比越大,过压就越小,从而降低内部爆炸的最终压力。另外,外壳的长、宽、高三维尺寸之比也不要过大,以免造成外壳内的压力重叠现象。外壳不宜制成以小孔连通的多空腔形式,壳内电器元件的安装也应避免将整腔分割成几个小空腔。

在简单地介绍了隔爆外壳的设计思路后,本章后续的内容将依次详细介绍各部分的设计方法和要求。

5.2 隔爆外壳结构设计基础

近几年,由于国内机电制造业竞争激烈,普通电气产品利润下降严重,为了提高产品的附加值,转型生产防爆产品的厂家大量增加,有许多厂家是初次生产防爆产品,对于防爆产品结构并不了解,设计出来的产品并不能满足防爆标准的要求,浪费了大量的人力物力。本书就针对这类情况,根据国家标准和力学结构的要求,提出隔爆型防爆电气产品的设计方法,供大家参考。

具有隔爆外壳的电气设备称为隔爆型电气设备,隔爆外壳既能承受内部混合爆炸性气体被引爆所产生的爆炸压力,又能防止内部爆炸火焰和高温气体通过隔爆间隙点燃外壳周围的爆炸性气体混合物,最新的隔爆型电气设备的所执行的标准为 GB/T 3836.2—2021《爆炸性环境 第 2 部分 由隔爆外壳"d"保护的设备》。

5.2.1 对外壳的基本要求

1. 不传爆性能(防爆性能)

隔爆型外壳主要是根据间隙隔爆的原理设计的。实际产品中外壳与门结构大致分为两种,即快开门与螺栓紧固,其接合面都有间隙存在。因此,要求隔爆接合面的间隙在标准规定的范围内,例如,对快开门结构,通常要求其间隙在 0.25mm 左右,过大的间隙容易在试验时发生传爆。

2. 结构强度(耐爆性能)

隔爆外壳的主要作用就是使内部的爆炸限制在外壳之内,因此外壳必须具有足够的结构强度,以承受爆炸时所产生的爆炸压力。

对于矿用产品而言,爆炸性气体混合物的主要成分是甲烷(CH_4),最大爆炸压力通常在 0.8MPa 左右,在设计时,外壳承受的爆炸压力通常取 1MPa。但在实际检验过程中,经常会测得更大的爆炸压力,企业应根据试验结果调整设计参数,以保证产品的安全性能。

5.2.2 隔爆外壳的强度计算

防爆电气产品的类型较多,但常见的是开关类的产品,因此我们就对开关类产品进行计算分析。就隔爆外壳形式而言,矿用隔爆型开关类电气设备的外壳通常可分为圆筒形和方形,下面将分别进行讨论。

1. 圆筒形的防爆产品的隔爆外壳

圆筒形的防爆产品的隔爆外壳的壁厚 δ 远小于圆筒的平均直径 D,在设计计算时,当 $\delta \leqslant 1/10D$,这类圆筒叫作薄壁圆筒。

1)外壳的设计

由于外壳的壁厚较小,在内部爆炸所产生的压力下,可以假设其好像薄膜般地进行工作,只承受拉力的作用。因此,在圆筒壁的纵向和横向截面上,只有拉应力作用,而且认为拉应力沿壁厚方向是均匀分布的,如图 5 − 1 所示。

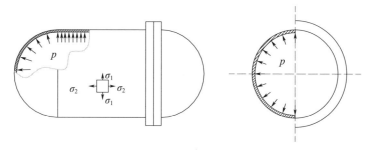

图 5 − 1 圆筒外壳结构示意图

为了计算筒壁在径向截面上的应力,可用截面法以通过圆筒直径的纵向截面将圆筒截为两部分,取下半部长为 l 的一段圆筒(连同其内部的气体)为研究对象,如图 5 − 2 所示。

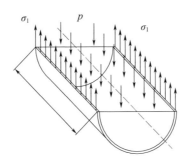

图 5-2 圆筒壳体轴向截面受力

设圆筒纵向截面上的周应力为 σ_1，并将筒内的压力视为作用于圆筒的直径平面上，则由平衡方程

$$\sum Y = 0, \qquad 2(\sigma_1 \cdot \delta \cdot l) - p \cdot D \cdot l = 0$$

得

$$\sigma_1 = \frac{pD}{2\delta}$$

式中：σ_1 为直径截面上的应力；D 为圆筒的平均直径；δ 为壁厚。

若以横截面将圆筒截开，则取左边部分作为研究对象，如图 5-3 所示。

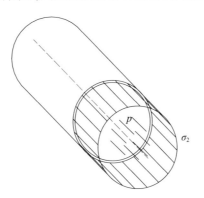

图 5-3 圆筒壳体横截面受力

设圆筒横截面上的轴向应力为 σ_2，则由平衡方程

$$\sum X = 0, \qquad \sigma_2 \cdot \delta \cdot \pi D - p \frac{\pi D^2}{4} = 0$$

得

$$\sigma_2 = \frac{pD}{4\delta}$$

由于 $D \gg \delta$，则由上两式可知，圆筒外壳内的内压强 p 远小于 σ_1 和 σ_2，因而垂直于筒壁的径向应力很小，可以忽略不计。如果在筒壁上按通过直径的纵向

截面和横向截面取出一个单元体,则此单元体处于平面应力状态,如图 5-1 所示。作用于其上的主应力为

$$\sigma_1 = \frac{pD}{2\delta}, \quad \sigma_2 = \frac{pD}{4\delta}, \quad \sigma_3 = 0$$

故须用强度理论来进行强度计算。

由于防爆外壳通常用 Q235-A 这类塑性材料制成,所以可以应用最大切应力理论或形状改变比能理论。将单元体上各主应力代入上述各式,得

$$\sigma_{eq3} = \frac{pD}{2\delta} \leqslant [\sigma]$$

$$\sigma_{eq4} = \frac{pD}{4\delta} \leqslant [\sigma]$$

式中:p 为爆炸压力(Pa);D 为平均直径(m);δ 为厚度(m);$[\sigma]$ 为许用应力(Pa)。

利用上面两式可对圆筒形薄壁外壳进行强度校合,或选择所用材料的壁厚。在实际设计时还要考虑到一定的安全系数 n,钢板厚度的负公差,使用过程中与腐蚀相关的危险因素,对计算出的壁厚再作相应的增加。

2) 端盖的设计

圆形端盖常见的有球面端盖、平面端盖和椭圆形截面端盖。其中图 5-4 所示的球面形端盖在开关、启动器中用得较多,应力分析情况与圆筒形基本相同,所以直接给出公式。

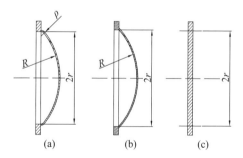

图 5-4 端盖示意图

对图 5-4(a) 有 $t \geqslant \sqrt[3]{\dfrac{0.28p^2 rR^2}{[\sigma]^2}}$

对图 5-4(b) 有 $t \geqslant 0.4\sqrt[3]{\dfrac{p^2 rR^2}{[\sigma]^2}}$

对图 5-4(c) 有 $t \geq \sqrt[3]{\dfrac{pr_1^2}{[\sigma]}}$

3) 圆形法兰的设计

壳法兰和盖法兰之间形成隔爆接合面,当爆炸发生时,法兰也同样受爆炸压力作用,由于 GB/T 3836 中对隔爆接合面的间隙有严格要求,所以法兰必须有足够的刚度,不能产生大的弹性变形和永久性变形。另外,由于法兰比外壳壁厚得多,所以只需核算法兰刚度即可。

法兰的内圆周与壳体焊接,外周自由,所以可将其简化为如图 5-5 所示的内圆周固定,外圆周自由,受均布压力 p 作用的圆环。

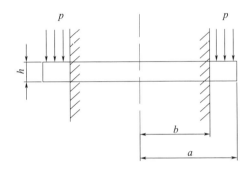

图 5-5 法兰受力

其挠度为

$$f = \alpha \dfrac{pa^4}{Eh^3}$$

式中:α 为挠度系数;E 为材料的弹性模量(Pa);a 为法兰外直径(m);b 为法兰内直径(m);h 为法兰厚度(m);p 为爆炸压力(Pa)。

刚度条件为 $f_{\max} \leq [f]$,$[f]$ 为许用挠度。

影响许用挠度的因素有:

(1) 标准规定的隔爆接合面的最大间隙 W,单位为 m;

(2) 焊缝系数 ϕ,见表 5-1;

(3) 平面度 B,单位为 m;

(4) 安全系数 k。

可得许用挠度为 $[f] \leq \left(\dfrac{W}{2} - B\right)\phi/k$,其中 k 为安全系数。

所以有 $h \geq a\sqrt[3]{\dfrac{\alpha kpa}{E(0.5W - B)\phi}}$

在实际计算时,应当考虑如下因素。

(1) 对受损的隔爆面修复,需适当的维修余量 D;
(2) 腐蚀因素 C_1;
(3) 钢板负公差 C_2。

则有

$$h \geqslant a \sqrt[3]{\frac{\alpha k p a}{E(0.5W-B)\phi}} + D + C_1 + C_2$$

表 5-1 焊缝系数

探伤要求	双面对接焊	单面对接焊焊缝全长	
		有垫板	无垫板
100%	1.00	0.90	0.75
局部探伤	0.90	0.80	0.70
不探伤	0.70	0.65	0.60

2. 圆筒形隔爆外壳设计实例

以 QBZ-200 型矿用隔爆型真空电磁启动器为例进行设计计算,启动器的外壳尺寸如图 5-6 所示,其中,所用的材料为 Q235-A,其屈服点 $\delta_s = 235\mathrm{MPa}$,抗拉强度 $\delta_b = (375 \sim 460)\mathrm{MPa}$,弹性模量 $E = 200 \times 10^9 \mathrm{Pa}$。

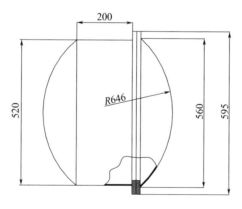

图 5-6 圆筒外壳尺寸图

设钢板厚为 4mm,则

$$\sigma_{eq4} = \frac{pD}{4\delta} = \frac{10^6 \times 0.52}{4 \times 0.004} = 32.5(\mathrm{MPa})$$

远小于材料的抗拉强度,所以认为板厚 4mm 足够。

再对端盖的板厚进行计算,端盖为球面形,其中 $R=646\text{mm}$, $r=280\text{mm}$,安全系数 $k=1.5$,则 $[\delta]=450/1.5=300\text{MPa}$。

$$t \geqslant 0.4\sqrt[3]{\frac{p^2 r R^2}{[\sigma]^2}} = 0.4 \times \sqrt[3]{\frac{10^{12} \times 0.28 \times 0.646^2}{(300 \times 10^6)^2}} = 4.36(\text{mm})$$

取整数为端盖板厚度 5mm。

法兰的刚度计算

$a=297.5\text{mm}$, $b=265\text{mm}$,则由表 5-2 查得 $\alpha=0.155$,最大间隙 $W=0.25\text{mm}$,平面度 $B=0.1\text{mm}$,安全系数 $k=1.5$,焊缝系数 $\phi=0.75$

$$h \geqslant a\sqrt[3]{\frac{\alpha k p a}{E(0.5W-B)\phi}} = 0.2975 \times \sqrt[3]{\frac{0.155 \times 1.5 \times 10^6 \times 0.2975}{200 \times 10^9 \times (0.5 \times 0.00025 - 0.0001) \times 0.75}}$$
$$= 7.9(\text{mm})$$

所以,对此结果取整,并加上适当的维修余量等,法兰厚度取 11mm。

表 5-2 挠度系数

a/b	1.6	2	2.5	3	5	5	∞
α	0.155	0.164	0.165	0.166	0.168	0.168	0.168

3. 方形外壳的设计计算

在实际中,除了圆筒形隔爆外壳,常见的还有方形外壳。这里仅对螺栓紧固型的外壳进行分析计算。

1)外壳的设计

通常的隔爆外壳分为接线腔与主腔两部分,并且接线腔容积小于主腔,且结构相同,所以设计时只需对主腔进行强度、刚度的设计计算,接线腔外壳采用同样厚度即可。

主腔外壳通常都是由五块等厚的矩形薄板焊接成的,有时由于壁板面积较大,为了加强外壳的刚度还要焊接上加强筋。腔体与门盖接合处为矩形的焊接法兰结构。对于外壳而言,5 块壁板允许有少量的弹性变形,但要承受内腔气体的爆炸压力 p,强度是最重要的,这主要取决于钢板的厚度。在进行设计计算时,应当在直角坐标系中对矩形薄板进行受力分析,如图 5-7 所示。

在分析时,各壁都是四周焊接的结构,在进行应力计算时,周边条件属于周界固定的形式。

受力分析如图 5-8 所示。

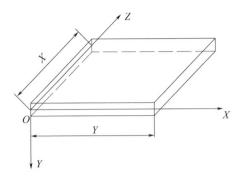

图 5-7 隔爆壳壁示意图

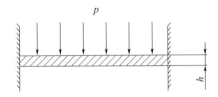

图 5-8 壳壁受力示意图

中心应力

$$\sigma_z = C_4 p \left(\frac{y}{h}\right)^2$$

$$\sigma_x = C_5 p \left(\frac{y}{h}\right)^2$$

按材料力学的第三强度理论：

$$\sigma_3 = (\sigma_y)_0 = 0$$

$$\sigma_1 = (\sigma_z)_0 = C_4 p \left(\frac{y}{h}\right)^2$$

$$\sigma_2 = (\sigma_x)_0 = C_5 p \left(\frac{y}{h}\right)^2$$

$$\sigma_1 - \sigma_3 \leq [\sigma] = \frac{\sigma_T}{k}$$

即

$$C_4 p \left(\frac{y}{h}\right)^2 \leq \frac{\sigma_T}{k}$$

所以有

$$h \geq y \sqrt{\frac{k C_4 p}{\sigma_T}}$$

式中：y 为板短边长度（cm）；h 为板厚度（cm）；p 为爆炸压力（Pa）；C_4 为应力系数可由《机械设计手册》查得，部分参数见表 5-3；$[\sigma]$ 为板材料的许用应力（Pa）；σ_T 为板材料的屈服极限（Pa）；k 为安全系数。

表 5-3 应力系数

x/y	1.0	1.1	1.2	1.3	1.4	1.5
C_4	0.1374	0.1602	0.1812	0.1968	0.2100	0.2208

但在实际设计中，通常还会遇到有加强筋的情况，较多的为"十"字形筋，如图 5-9 所示。

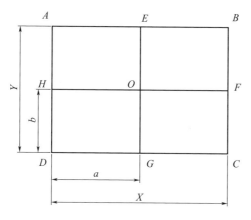

图 5-9 加强筋示意图

在加强筋刚度足够的前提下，即受爆炸压力作用时，加强筋不会发生弯曲变形，有足够的刚性来固定外壳的壁，计算时就可不再对矩形 ABCD 进行计算分析，而仅对矩形 HOGD 进行受力分析。

2）长方体隔爆外壳法兰的刚度设计

当隔爆壳体内部可燃气体爆炸，产生的高温高压气体必须从壳体法兰和门法兰之间的隔爆接合面泄出。因此，法兰和壳体同样承受爆炸压力 p，由于对隔爆面的间隙有要求，所以，要求法兰必须有足够的刚性，且不能有大的弹性变形。所以法兰必须比壳体厚，法兰的强度不必校核，但刚度必须校核。由于门法兰通常一边焊在壳体上，壳体与门法兰用螺栓固定。因此，法兰可看作一长条形板，在长的方向上为简支结构（长度为相邻螺栓之间的距离），与壳体相连边固定，剩余一边自由，受爆炸压力的板，其最大挠度在中点处，如图 5-10 所示。

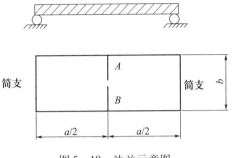

图 5-10 法兰示意图

其挠度计算公式同圆形法兰的，即

$$f = \alpha \frac{pa^4}{Eh^3}$$

刚度条件为 $f_{\max} \leq [f]$，$[f]$ 为许用挠度。

影响许用挠度的因素有：

(1) 标准规定的隔爆接合面的最大间隙 W，单位为 (m)；

(2) 焊缝系数 ϕ；

(3) 平面度 B，单位为 m；

(4) 安全系数 k；

可得许用挠度为 $[f] \leq \left(\dfrac{W}{2} - B\right)\phi/k$

所以有 $h \geq a \sqrt[3]{\dfrac{\alpha k p a}{E(0.5W - B)\phi}}$

在实际计算时，应当考虑如下因素：

(1) 对受损的隔爆面修复，需适当的维修余量 D；

(2) 腐蚀因素 C_1；

(3) 钢板负公差 C_2。

则有

$$h \geq a \sqrt[3]{\dfrac{\alpha k p a}{E(0.5W - B)\phi}} + D + C_1 + C_2$$

设计时可先选取一定的螺栓距离，对钢板的厚度进行计算，并进行适当的调整，既要保证刚度，又要使法兰厚度适当，螺栓拆装方便。

3) 螺栓的选择

在计算螺栓间距时，根据法兰的大小，可以确定螺栓的数量。爆炸发生时，螺栓所受的力为拉力 F，大小为正对爆炸压力方向的门盖面积与爆炸压力的乘积,拉力 F 除以螺栓数量和安全系数,就可知道实际每颗螺栓所受的力,通过查阅标准手册,可以根据螺栓的载荷确定其大小。

4. 方形隔爆外壳实际实例

以某厂家的电抗器为例,其主腔结构如图 5 – 11 所示。

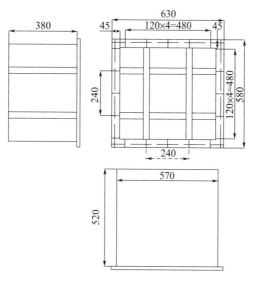

图 5 – 11 方形外壳尺寸图

其中,所用的材料为 Q235 – A,其屈服点 $\delta_s = 235\text{MPa}$,抗拉强度 $\delta_b = 375 \sim 460\text{MPa}$,弹性模量 $E = 200 \times 10^9 \text{Pa}$。

首先讨论不使用加强筋的情况下,所需的壳体钢板厚度。

计算时,先计算面积最大的后侧板,$x = 570\text{mm}$,$y = 520\text{mm}$,则 $x/y = 1.1$,查表有 $C_4 = 0.1602$,板厚 $h = y\sqrt{\dfrac{kC_4 p}{\sigma_T}} = 0.52\sqrt{\dfrac{1.5 \times 0.1602 \times 10^6}{235 \times 10^6}} = 0.0166\text{m} = 16.6\text{mm}$。

接着计算左右侧板厚,$x = 520\text{mm}$,$y = 382\text{mm}$,则 $x/y = 0.136$,查表有 $C_4 = 0.21$,板厚 $h = y\sqrt{\dfrac{kC_4 p}{\sigma_T}} = 0.382\sqrt{\dfrac{1.5 \times 0.21 \times 10^6}{235 \times 10^6}} = 0.01398\text{m} = 14\text{mm}$。

如果采用加强筋,以中心线对称分布,两加强筋间距为240mm,加强筋为25号角钢。那么后侧板加强筋所围的区域中,面积最大的为一个长宽均为204.6mm 的正方形,对此部分进行分析。

$x = y = 204.6\text{mm}$,$x/y = 1$,$C_4 = 0.1374$,板厚 $h = y\sqrt{\dfrac{kC_4 p}{\sigma_T}} = 0.2046$

$$\sqrt{\frac{1.5 \times 0.1374 \times 10^6}{235 \times 10^6}} = 6.1(\mathrm{mm})_\circ$$

对后侧板,$x = 382\mathrm{mm}$,$y = 204.6\mathrm{mm}$,$x/y = 0.187$,$C_4 = 0.2208$,板厚 $h = y$

$$\sqrt{\frac{kC_4 p}{\sigma_T}} = 0.2046\sqrt{\frac{1.5 \times 0.2208 \times 10^6}{235 \times 10^6}} = 7.68(\mathrm{mm})_\circ$$

综合考虑,在使用加强筋的情况下,外壳的壁厚取 8mm。

其次对法兰刚度进行计算。

法兰的宽 $b = 45\mathrm{mm}$,螺栓间距 $a = 120\mathrm{mm}$,则 $\alpha = 0.166$;最大间隙 $W = 0.5\mathrm{mm}$,平面度 $B = 0.1\mathrm{mm}$,安全系数 $K = 1.5$,焊缝系数 $\phi = 0.75$。

$$h \geq a\sqrt[3]{\frac{\alpha k p a}{E(0.5W - B)\phi}} = 0.12 \times \sqrt[3]{\frac{0.166 \times 1.5 \times 10^6 \times 0.12}{200 \times 10^9 (0.5 \times 0.0005 - 0.0001) \times 0.75}}$$
$$= 13.2\mathrm{mm}$$

维修余量 $D = 2\mathrm{mm}$,腐蚀因素 $C_1 = 1\mathrm{mm}$,钢板负公差 $C_2 = 1\mathrm{mm}$,并取整,得法兰厚度 $h = 18\mathrm{mm}$。

由前面的计算可以知道,法兰上一共有 20 个螺栓,整个门盖所受的爆炸压力 $F = p \times S = 10^6 \times 0.54 \times 0.49 = 264600(\mathrm{N})$,则单个螺栓受力 13230N,如选用性能等级为 8.8 的螺栓,M8 的螺栓即可满足要求。如取安全系数 $k = 1.5$,则选择 M10 的紧固螺栓。

在试验过程中,对以上两款产品进行了耐压及内部点燃的不传爆试验,在试验的过程中,产品的性能完全满足了要求,在试验结束后,外壳没有发生明显的变形,也没有传爆。

通过以上的举例计算,基本掌握了常见隔爆型电气产品外壳设计的基本方法,在实际的生产过程中,还有很多结构要复杂得多的产品,例如矿用隔爆型移动变电站,但是,只要对这类产品的外壳结构进行合理的分解,还是可以采用本书所讲的方法来进行设计和计算的。此外,随着计算机辅助设计技术的发展,目前已经有大量的相关软件可以简化在设计时的工作量,如 ANSYS、SOILD-WORKS 等软件,这些软件采用有限元分析的方法,将所需要分析的对象离散为若干个单元,一定数量的大小、形状和性能各异的单元连接在一起,组成了结构有限元分析的模型。相邻单元在公共节点上位移协调,对应位移自由度上的刚度系数被叠加到一起,共同抵抗公共节点的变形。在总体刚度方程中引入边界条件,通过对各种参数建立关系,得到方程组,软件通过各种线性代数方程组的数值求解方法得到解,即得到结构各节点的位移,通过位移进一步得到应力、应变等。不同的软件有不同的计算方法,如 ANSYS 提供了 Newton – Raphson 方法、修正的 N – R 方法、弧长方法等。

在实际分析、计算时,设计人员往往只需建立合适的模型,输入相应的设计参数,软件即可完成复杂的计算过程,并将结果以可视化的形式输出,供设计人员参考,大大简化了设计人员的工作量,提高了工作效率。

5.3　有限元分析技术在隔爆产品设计中的应用

由隔爆外壳保护的电气设备在爆炸危险场所大量使用,隔爆外壳设计的合理性、可靠性直接决定了产品的安全性能,在常规的设计中,需要设计人员根据产品的受力情况,建立相应的受力模型并进行受力分析。然而由于各种原因,如设计人员的经验不足,考虑不周,人工计算中的疏忽等,很容易造成隔爆外壳强度的不足,或者某些位置应力集中,导致设备安全性能不符合要求,通不过耐压试验;制造企业有时为了保证通过试验,设计相当保守,又带来了设备笨重、制造成本高昂等副作用。为了合理、可靠地对隔爆外壳的强度进行计算,需要修改各种设计参数,但是在常规的设计中,人工计算的工作量大,而且容易出错,并且结果不具有可视性,如果要全面地分析强度,难度相当大,对设计人员的要求很高,并且需要很大的工作量,技术力量薄弱的企业根本没法达到。

而通过使用有限元分析相关的软件,则可以很好地完成这类工作。进行一个有限元的分析计算过程非常简单,只要用户具有几何结构、材料力学方面的基本知识,拥有一个有限元分析软件和计算机硬件平台,就可以按照几何(画图)描述、单元选择及剖分、设定几何约束及施加外力、选择算法(可以默认)及运行、观察计算结果及可视化输出等步骤这样非常规范的流程来执行,设计人员只需要设置各参数,如对象的尺寸、材料特性、受力情况等,而这些参数非常容易获得和调整,具体的计算过程由软件根据相关的算法进行计算,最终软件将计算结果以可视化的图形及表格的形式直观地显示,供用户进行分析。利用有限元分析软件,可以方便地建立各类隔爆壳体的有限元模型,针对性地施加各种载荷,对其进行各种分析,并将分析结构以可视化的形式输出,直观地了解结构的变形及各个位置受力情况,并能根据需要调整各种参数,例如壳体的尺寸、选择不同特性的材料、施加不同的载荷,全面分析不同参数对结构强度的影响,供用户有针对性地改进产品结构,极大地提高了设计的效率,将设计人员从繁重枯燥的计算工作中解放出来,使其可以将更多的精力用于创造性的设计工作。

本书以最简单的长方体隔爆外壳为例,介绍隔爆外壳强度有限元分析的方法,并简单修改设计参数,观察不同参数对结构强度的影响。

典型的隔爆外壳在工作时,壳体受到内部爆炸产生的压力,由于作用时间短,通常可以将其近似简化为一个均匀作用在壳体内表面的静态压力。壳体和盖板通过螺栓紧固在一起,在对壳体进行单独分析时,可以将相对固定的位置作为固定支撑,以便计算。如果将法兰面作为固定支撑,则不能表现其在受到爆炸压力时的变形情况,这对结果会有较大影响。在施加压力载荷时,将整个外壳作为一个分析对象,在外壳内壁各个面上,都施加均匀的压力载荷,以便全面分析与实际相符的受力情况。如果仅对其中一个面进行分析,虽然计算量大幅减少,但是在边界部分的情况与实际有出入,则会对最终的结果有一定的影响。

在建立模型进行分析时,考虑到计算方便,本文将腔体尺寸设为 600mm × 600mm × 500mm,为了查看壳体可能的损坏,将壁厚设定为较薄的尺寸(6mm)。法兰宽度为 40mm,厚度 20mm,材料选择与实际一致,在软件中选择系统材料库中的结构钢。考虑到快开门结构的固定方式,将法兰外侧的棱作为固定支撑,以便内部爆炸时法兰能产生翻转变形。先在外壳内壁施加 1MPa 的压力,模拟内部点燃的受力情况,分析法兰的变形,该压力值为大量试验的经验数据,在无压力重叠时,通常情况下,Ⅰ类隔爆外壳内的爆炸压力均不超过 1MPa,该数值能保证壳体具有足够的强度。然后在外壳外壁施加 1MPa 的压力,模拟传爆后外部爆炸时壳体壁受力情况。

通过计算可以发现,如图 5-12 所示,在内部爆炸时,法兰产生了显著的变形,该变形量与隔爆接合面原有的间隙相加,足以让内部的爆炸火焰通过,点燃外部的试验气体。

图 5-12 内部受压时法兰变形情况

在传爆导致外部发生爆炸时,如图 5-13、图 5-14 所示,后侧壁板的变形量最大,同时在后壁与侧壁接合的焊缝中部产生了最大的应力,该应力足以撕裂焊缝。

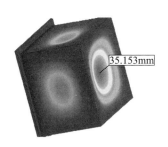 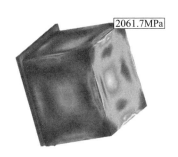

图 5-13 外部受压时壳体变形情况　　图 5-14 外部受压时壳体受力情况

而实际检验中,与该模型类似的隔爆外壳确实未能通过试验,如图 5-15 所示,经过耐压及内部点燃的不传爆试验后,内部的爆炸传播到壳体外部,点燃外部试验气体,将外壳严重损坏,壳体后侧下部焊缝撕裂。

通过以上分析可以直观地发现,有限元分析的结果和实际的试验结果基本吻合。

分析的结果并不是为了再现试验结果,而是为了更好地分析和改进外壳的结构。改善外壳受力的情况通常有两种办法:加厚外壳壁厚和增加加强筋。由于加厚壁厚除了增加成本,还极大地增加了外壳的重量,一般都选择增加加强筋的方法,如图 5-16 所示。

 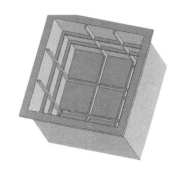

图 5-15 后视图,壳体变形及撕裂的焊缝　　图 5-16 有加强筋的壳体结构图

在壳体各壁内侧均设置了横竖各两道加强筋,厚度10mm,高度20mm。再施加同样的压力,结果如图5-17~图5-19所示。

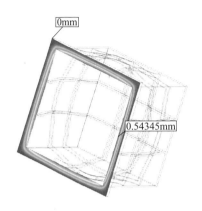 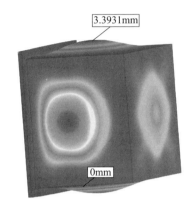

图5-17 有加强筋的法兰变形图   图5-18 有加强筋的壳体受外部压力时变形情况

通过以上的改进,我们可以发现,法兰变形、壳体变形和受力情况均得到了显著的改善,其中法兰变形、外壳受力约为原来的1/2,壳体变形仅为原来的1/10。虽然外壳在侧壁接合部位仍存在较大的应力,但是可以采取其他改进措施改善受力情况,保证结构的安全。

在实际检验中,该企业同类外壳大小类似,但内部有加强筋的产品顺利通过了检验,如图5-20所示,这也验证了以上改进措施的有效性。

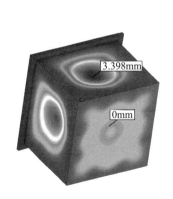 

图5-19 有加强筋的壳体受外部   图5-20 采用加强筋的外壳通过了试验
        压力时应力情况

5.4 平面隔爆接合面设计

隔爆型电气设备的原理是将具有点燃危险的电气芯体部分安装在隔爆外壳内部,从而达到防爆的效果,由于需要把芯体装入隔爆外壳内,外壳必然会有开口,需要用可以拆卸的盖板、堵头等将其进行封闭,从而会有各个零部件之间配合而形成的接合面,为了达到隔爆的要求,需要对这些接合面进行特殊的设计,以阻隔火焰传播到壳体外部引起周围环境的爆炸,这些接合面就被称作隔爆接合面。

隔爆接合面有多种类型,其中最常见的是平面隔爆接合面,几乎所有的隔爆外壳上都有平面隔爆接合面,虽然平面隔爆接合面的结构简单,但是依然有很多的设计人员对不同结构的平面隔爆接合面参数设计不能很好地掌握,在设计时无法正确依据结构特点设计出符合防爆标准的平面隔爆接合面。在这里,介绍一种简单的分析思路,在分析隔爆接合面需要控制的参数时,其实就是在寻找当外壳内部发生爆炸后,接合面上可能的火焰传播通道,然后作出有针对性的设计,使这些火焰传播通道符合隔爆接合面参数的要求。

接下来将从最简单的平面隔爆接合面开始,分别探讨不同结构的平面隔爆接合面隔爆参数要求,以帮助读者理解这类结构的设计思路。

首先,图 5-21 所示为最常见的平盖板通过螺栓从外侧紧固在法兰上的结构。在这种紧固的方式中,螺孔可能是通孔或者不通孔,壳体可能在法兰的外侧,也可能在法兰的内侧,虽然螺孔的形状和壳体位置不相同,但隔爆参数都是一样的,很显然,在这种情况下,火焰传播的通道有两个:一个是沿着整个平面接合面的间隙向外传播;另一个是沿着平面接合面传播到紧固螺栓处,从螺栓孔处向外传播。因此,这种结构需要控制的隔爆面参数包括总的有效隔爆面接合宽度、孔内侧到法兰边缘的距离。当螺孔是不通孔时,还应注意

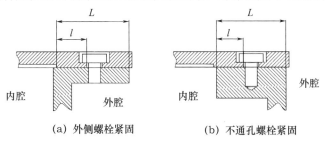

(a) 外侧螺栓紧固　　　　(b) 不通孔螺栓紧固

图 5-21　螺栓从外侧紧固

GB/T 3836.2—2021 11.7 中对螺栓头部裕量的要求,防止螺栓在不带垫圈拧入时无法拧紧。

有些情况下,需要从内侧固定盖板,如图 5-22 所示,在有些变频器的散热器结构中,由于散热器热管外面套的散热翅片较大,无法从外侧拧螺栓,这时就需要先从内侧将散热器基板固定在过渡法兰上,再将过渡法兰装配到隔爆壳体上。这种结构里,沿着整个平面的传播通道依然存在,但从基板和法兰外侧边缘向螺栓处传播时,通道两侧都是外壳内部,不会发生传爆,因此这一通道不需要按照隔爆接合面进行设计,剩余宽度只要符合螺孔强度要求即可;但是如果火焰从螺栓孔处沿着平面向过渡法兰的内侧传播,可以到达壳体外部,会引起外部的爆炸,因此这一通道就需要符合隔爆接合面要求。通过简单地分析,这种结构需要控制的隔爆面参数包括总的有效隔爆面接合宽度、孔边缘向内到过渡法兰边缘的距离。

在另外一些情况下,需要将图 5-23 所示的两段壳体用螺栓从内侧固定在一起,但是两段壳体没有被隔开,如多回路组合开关,外壳很长,为了加工方便,制造单位往往将其设计成多段,然后装配成一个完整的外壳。在这种结构中,火焰传播的路径与上面的情况有些区别,火焰从螺栓孔沿着平面往法兰内侧传播时,内侧仍然是隔爆外壳内部同一个相连的腔体,但是向法兰外侧传播时会达到壳体外部,这一通道就需要符合隔爆接合面要求以保证火焰不会传播到外部引起周围环境的爆炸。因此,这种结构需要控制的隔爆面参数是总的有效隔爆面接合宽度、孔外侧向外到法兰边缘的距离。

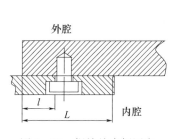

图 5-22　螺栓从内侧固定

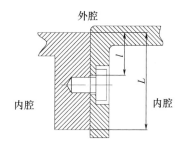

图 5-23　螺栓连接两段连通的壳体

当这种结构产生一些变化时,如果需要用法兰将图 5-24 所示的两个被隔开的壳体连接时,就需要考虑不同的火焰通道了,如隔爆型电机的接线盒与机座处的隔爆接合面,火焰能够从法兰内侧或者从螺栓孔处向法兰外侧边缘沿着接合面传播,可能引起隔爆外壳外部环境的爆炸,同时,当火焰从法兰内侧传播到螺栓孔处,就会引起另外一个腔体的爆炸,因此在这种情况下,整个结合面宽度、螺栓孔边缘到法兰外侧边缘的距离、螺栓孔边缘到法兰内侧边缘的距离均需要符合隔爆接合面的要求。

法兰有时会比较狭长,制造企业为了对其进行加固,会在中间加一道加强法兰,如图 5-25 所示,如果这段法兰上没有紧固螺栓,也没有将腔体隔成两部分,那么这里就不需按隔爆接合面进行设计。

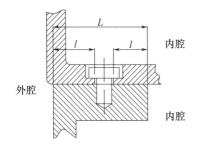
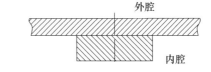

图 5-24　螺栓连接两段被隔开的壳体　　图 5-25　法兰中间无螺栓紧固

但是有些情况下,由于接合面比较大,仅靠周边的固定无法保证爆炸时盖板强度,因此中间法兰上会有紧固螺栓,如图 5-26 所示,这时就需要考虑火焰通道了,由于法兰两侧是同一个腔体,所以整个平面接合面不需要满足隔爆接合面宽度,但是如果火焰从法兰边缘沿着接合面传播到紧固螺栓孔边缘,或从螺栓孔传播到壳体外部,这段接合面就需要符合隔爆接合面的距离。

另外,两个相邻的腔体共用一块盖板的情况也很常见,如图 5-27 所示,如在大功率的输送机电机上,电机腔和接线腔在上方共用一块盖板。这种结构里,除了法兰边缘到螺栓孔的距离需要符合隔爆接合面的距离,火焰如果沿着整个接合面传播,还会从一个腔传播到另外一个腔,从而引起该腔的爆炸,因此法兰的有效接合宽度需要满足隔爆接合面的宽度要求。

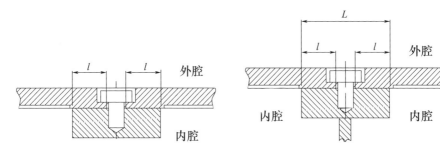

图 5-26　同一腔体的法兰中间有螺栓紧固　图 5-27　不同腔体之间的法兰用螺栓紧固

以上讨论的都是螺栓紧固方式的结构,快开门结构的平面隔爆接合面则相对简单,只需要考虑法兰装配后最小的接合面宽度及间隙。但是快开门的紧固方式应当注意采取可靠并且能方便调节的结构,而不要用焊接的方式固定卡扣等,因为在使用过程中,由于卡扣长期受力会发生变形,导致扣紧力变小,或者除锈、维修等工作也会去除隔爆面上部分材料,这些操作都会使接合面间隙变大,如果卡扣安装位置无法调节,就会使隔爆接合面间隙过大而导致隔爆结构失效。由于紧固方式不同,螺栓紧固的盖板在螺栓拧紧到位后,隔爆接合面间隙非常小,且四周均匀,但是快开门的间隙需要调节卡扣的松紧来调节,如果各个方向卡扣松紧程度不一致,其间隙也不均匀,在开关门盖的过程中就会很不顺畅,甚至会磨损、刮伤隔爆面,因此,快开门四周应当留有测量隔爆接合面间隙的位置,以便测量并调节快开门接合面的间隙。

另外有一种结合了螺栓紧固和快开门两种结构的紧固方式,如图 5 - 28 所示,这种结构的紧固也是依靠螺栓的,但螺栓不是安装在封闭的圆孔内的,而是一个"U"形的开口孔,需要打开门盖时,只要松开螺母少量几扣,就可以将螺栓转开,然后打开门盖。这种结构虽然方便,但当外壳内部发生爆炸时,由于门盖中间会拱起,导致门盖法兰内侧间隙变大的扭转,往往会将螺栓崩出,使紧固措施失效,隔爆结构被破坏,内部的爆炸传爆到周围环境中。这种结构在进行型式试验时多次由于螺栓被崩开而发生传爆,一般不建议制造厂家采用。即使要采用,也应当在螺母处设计固定结构,使即使法兰扭转时,也能保持住紧固螺栓的位置,不至于隔爆结构被破坏。

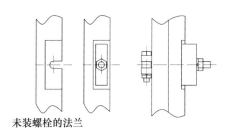

未装螺栓的法兰

图 5 - 28 快开螺栓紧固的法兰

当隔爆外壳被用于比较恶劣的环境中时,为了增加防护性能,有时需要在平面隔爆接合面上设置密封条,在这种情况下,GB/T 3836.1—2021 中的 6.5 规定"而且在安装或维护时要打开接合处,衬垫应粘附或固定到配合面之一上,以防丢失、损坏或错误安装,衬垫材料本身不应粘附到其他接合面上",这一要求除了是防止在日常使用中由于维护人员未按规定安装密封圈造成外壳的防护等级降低,还防止密封圈未安装到位时,垫在接合面之间,造成接合面间隙的意外增大,使得隔爆结构失效。

平面隔爆接合面本身非常简单,但是由于不同的固定方式,其火焰通道也不尽相同,导致隔爆接合面的参数也是多种多样的,设计人员应当在充分理解防爆标准、防爆原理的基础上,对接合面的结构有深入的了解,才能正确地分析各种平面隔爆接合面并确定其所要控制的隔爆相关参数。

5.5 隔爆外壳的按钮和转轴的设计

在设计隔爆型电气设备时,由于产品功能的原因,可能需要对参数进行选择和确认,或者需要操纵开关控制电路的通断,这些功能通常都要在外壳上设计穿透隔爆外壳的按钮或转轴的结构,以便从隔爆外壳的外部操作安装在隔爆外壳内部的电器部件。在 GB/T 3836.2—2021 标准中的第 5 章和第 7 章中,对按钮和转轴的结构有相关要求,除了保证接合面宽度、间隙、粗糙度符合标准,还应当有防止磨损或者其他要求。

虽然这类结构很简单,一般只有安装底座、衬套、杆或轴,再加上弹簧等辅助零件组成,只需简单地考虑配合公差即可满足防爆标准的要求。但是在实际设计过程中,制造单位的设计人员由于经验不足或者对标准理解不到位等,所设计的按钮、轴的结构往往不能很好地满足标准的要求,或者即使能满足标准的要求,但是可靠性和合理性上存在不足。本书将对一些设计中常见的问题进行分析。

首先,部分制造商在设计时,未考虑运动部件的磨损问题,直接在钢质的隔爆外壳上装配同样材质的按钮杆或转轴,如图 5-29 所示,不符合 GB/T 3836.2—2021 中的 7 中"如果在正常使用中直径间隙因磨损可能增大时,则应采取使其易恢复到原始状态的结构,例如使用可更换的套"。对于那些经常使用的按钮或者轴,制造商应当考虑增加采用较软的材料制作的可更换衬套,或者采用较软的材料制作按钮杆,如用铜制作衬套或按钮杆,以便在使用过程中,由于经常使用产生的磨损而使隔爆接合面间隙加大时,可以更换磨损的零件,以恢复到原始设计的间隙。

在更多的情况下,制作商虽然设计了衬套,但是结构不合理,在日常使用中,还是会造成隔爆结构的失效。如图 5-30 中的铜套仅依靠过盈配合固定在外壳上,无其他固定措施,不符合 GB/T 3836.2—2021 的 5.2.1 中"结构不只是依靠过盈配合来防止零件产生位移"的要求。而且在使用过程中,由于按动按钮的力通过弹簧间接施加在衬套上，衬套更加容易脱落，导致隔爆结构失效。

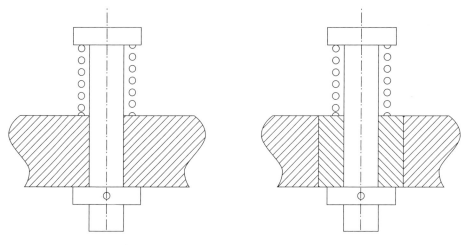

图 5-29　无衬套的按钮　　　　图 5-30　衬套未固定的按钮

另外，按钮、轴的固定方式也非常重要，如图 5-31、图 5-32 所示，按钮杆的尾巴依靠开口销或者弹簧挡圈卡在衬套孔头部，阻止按钮杆掉落。但是在实际加工过程中，尾部垫圈中间的孔会比较大，按钮杆和孔之间有一定的间隙，当按钮杆受到内部的爆炸压力作用后，会产生一个向外作用的力，将开口销从按钮杆和垫圈孔之间挤压进去，开口销弯曲变形，甚至被切断，直接从垫圈的孔穿出，按钮杆脱落；弹簧挡圈是卡在按钮杆上的槽内，当槽被加工得比较浅时，挡圈只和按钮杆接触很小的面积，在受到爆炸力作用时，挡圈会由于受力面积过小而脱落，造成设计的功能失效，按钮杆同样也会脱落。这两种结构都在进行爆炸试验时，由于按钮杆从壳体上脱落而造成外壳传爆，甚至造成外壳严重损坏。如图 5-33～图 5-35 所示，在爆炸时，巨大的爆炸力将销钉剪断，门盖上所有的按钮杆都被炸飞，导致爆炸传播到外壳外部，内外的爆炸共同作用，将外壳严重破坏。

还应当注意转轴手柄的固定方式及手柄的材质。有些制造商在设计时，仅靠一个螺钉从侧面顶住轴头部。如果螺钉未拧紧，或者在使用过程中松动了，手柄就会从轴头脱落，如果轴在外壳内部的固定措施不可靠，轴就会从安装孔里掉出。另外一些情况下，有些制造商采用非金属材料制造转轴手柄，由于材料的性能所限，手柄非常容易由于老化或遭到碰撞而损坏，使轴的固定措施被破坏，造成隔爆结构失效。

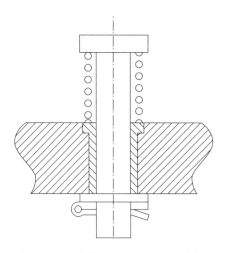 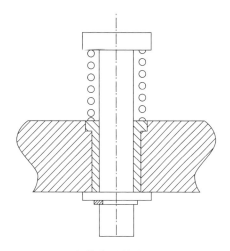

图5-31　仅依靠开口销固定的按钮　　　图5-32　仅依靠弹簧挡圈固定的按钮

图5-33　未通过爆炸试验的样品

图5-34　被切断的销钉　　　　　图5-35　被炸飞的按钮杆

除了以上所述情况,有些制造商在设计时,未能合理考虑按钮、轴的通用性,如在同一个外壳上或者本厂的系列产品上,有很多种功能类似的按钮和轴,但是尺寸各不相同,所有的零件都不能通用,造成了在加工制造时的极大的麻烦,要对每种规格的按钮和轴加工不同直径的安装孔,同时还需要准备种类繁多的零件,增加了制造成本和备件的成本。而且有些零件直径相同但不通用,装配工人容易装错,导致无法正常使用,甚至引起安全隐患。

基于这种情况,通常建议同一企业的按钮和轴尽量设计成最少的规格,加强零件的通用性。如图 5-36 所示,同一个规格的衬套通过螺纹隔爆接合面或者圆筒形接合面装配到壳体上,根据使用的需要,安装按钮杆或者转轴,而不同长度需要的按钮杆,可以通过增加图 5-37 所示的连接杆的方式,满足安装的要求;按钮杆或轴的尾部用强度比开口销或弹簧挡圈更高的螺钉固定,防止爆炸时隔爆结构被爆炸压力破坏。这样,同一个外壳上只要加工一种或少量几种规格的孔,需要准备的零件也只有一两种规格,既有利于提高加工的质量,又能极大地降低备件的成本。这一设计思路在某个产品种类众多的企业实施后,效果相当明显,原来一个组合开关的壳体上有 6 种按钮、4 种转轴,现在已经简化成 1 种按钮、2 种转轴,且其中一种轴的铜套和按钮是通用的,极大地降低了产品的成本,获得了很好的经济效果。

隔爆外壳上的按钮和转轴虽然结构简单,设计容易,但是由于其结构的可靠性关系到隔爆外壳安全性能的可靠性,并且涉及的产品众多,制造企业应当足够重视,根据本企业的具体情况,优化设计,做到既安全可靠,又方便安装使用,并且最大限度地通用零件,降低生产成本。

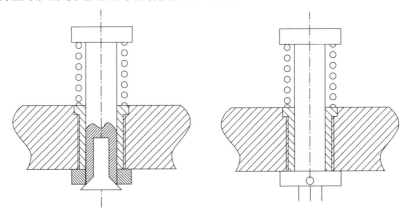

图 5-36 结构合理的通用结构

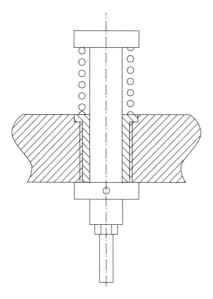

图 5-37 用连接杆加长的按钮杆

5.6 绝缘套管的设计

隔爆型电气设备,尤其是矿用隔爆型电气设备,由于功率、体积、电磁隔离或者其他需要,会将隔爆外壳设计成多个相邻的腔体,这些腔体之间的电气连接,需要像图 5-38 一样,用一根或多根导体穿过外壳壁的绝缘部件来实现,这些绝缘部件就是标准上所定义的"绝缘套管"。GB/T 3836 系列标准中对这些

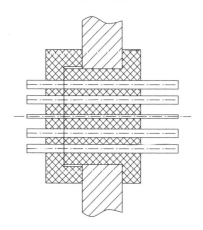

图 5-38 绝缘套管示意图

绝缘套管的材料、结构、试验等各方面都作了具体的要求，本节将从其功能开始，从各个方面介绍绝缘套管设计中需要注意的问题。

绝缘套管最主要的功能就是使电路穿过金属材料的隔爆外壳，因此，电路通过的导电部件是绝缘套管的核心。由于金属材料本身必然存在电阻，在通过电流时会产生热量，造成温度的上升，过高的温度会造成绝缘材料的加速老化并损坏，也可能点燃环境中的爆炸性气体，因此导电部件的导电性能需要重视。良好的导电性能首先要求选择合格的导电材料，通常选用黄铜，如 H62、H59 等，它们既有良好的导电性能，又有良好的散热性能，能及时把产生的热量散发出去，不会在绝缘件内部积聚而引起高温。同时，导电部件应当有足够大的横截面积，能通过足够大的电流，同一种导体材料，在同样条件下，横截面积越大，相同长度导体的电阻越小，在通过相同电流时，根据功率 $W = I^2 R$ 可知，其发热功率也就越小。根据红外热成像仪的分析，在通过电流时，由于导电部件和电缆本身的材料均为导电性能良好的铜，温升不会特别高；但是在导电部件和电缆连接处，由于金属表面会有氧化层，且接触面积小，会形成较大的接触电阻，在接触处会有最高的温升。有时，设计的电流很大，如果只是一味地靠增加导体横截面积来增加接触面积，会使绝缘套管整体的尺寸非常大，安装不方便，且成本过高，在这种情况下，可以在导电部件外部镀上一层导电性能更好且不容易氧化的材料，例如银，用以减小导电部件与电缆之间的接触电阻，可以更加经济有效地降低温升。

绝缘套管的另外一个重要组成就是绝缘部分，绝缘部分应当能够防止电路发生短路、断路的故障。在设备工作时，绝缘套管的导电部件上会承受额定的电压，甚至在故障状态还会承受过电压，如果绝缘性能不满足要求，电路会发生击穿短路，十分危险。因此，绝缘材料的绝缘性能是首先需要考虑的，在 GB/T 3836.3—2021 的 4.4 中对绝缘材料的相比漏电起痕指数（CTI）进行了规定，并进行了分级，规定了最小的电气间隙与爬电距离，制造企业应当根据设计的电压等级，合理选用材料，既减小体积，又能满足耐电压的要求。

在将电缆与绝缘套管进行连接时，为了可靠地固定，一般均采用螺母或者螺栓和压板组合的方式将电缆固定到导电部件上，如图 5-39 所示。

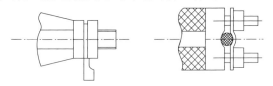

图 5-39　电缆固定在绝缘套管示意图

在紧固螺栓的时候，需要施加足够的扭矩，确保压紧的效果，在拧紧时，扭矩会通过导电部件传递到绝缘套管上，如果绝缘套管没有可靠地固定在外壳上，可能会带着已经连接的电缆一起转动，导致电缆打结、缠绕，甚至被拉扯断，引起电路故障。因此在 GB/T 3836.1—2021 的 11 章中规定"可能承受扭矩时，作为连接件使用的绝缘套管在接线和拆线过程中应安装牢固，并保证所有部位不转动"。在设计时，常见的方法是，在外壳上预设如图 5 - 40 所示的专用的防转挡板，在绝缘套管安装到位后抵住绝缘套管的侧边，防止转动；或者在绝缘套管上预埋如图 5 - 41 所示的防转销钉，壳体上如图 5 - 40 右侧示意图一样钻出对应的孔，装配后销钉固定在防转孔中，也能有效地防止绝缘套管在装配电缆时转动。

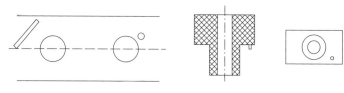

图 5 - 40　防转挡板示意图　　图 5 - 41　防转销钉示意图

虽然通过上述措施，绝缘套管不会转动，但是如果绝缘材料的机械强度不够，那么在安装导线时一旦受到较大的扭矩，绝缘套管仍然可能会被损坏，由于绝缘套管通过隔爆接合面装配在隔爆外壳上，并且绝缘套管的绝缘件尺寸对保持电气间隙和爬电距离有着重要的作用，一旦损坏，会引起导电体之间的电气间隙、爬电距离不足，导致电气安全危险，或者引起隔爆结构的失效，造成严重后果，因此在 GB/T 3836.1—2021 的 26.6 中规定了绝缘套管的扭转试验，要求"在安装中，导电杆承受力矩作用时，导电杆和绝缘套管均不应转动"。

在结构上，为了可靠地固定绝缘套管及电缆，防止由于松动而造成接触不良或者电缆脱落等意外，需要对相关接触部件施加一定的力，来确保安装的可靠性，在 GB/T 3836.3—2021 的 4.2.1 d) 中规定每种类型的连接件应"提供可靠的压力保证运行中的接触压力"。由于绝缘材料均为非金属材料，机械强度低，因此应当避免在安装绝缘套管及电缆时，安装力作用在绝缘材料上，同样在 GB/T 3836.3—2021 的 4.2.1 f) 中规定每种类型的连接件应"不通过绝缘材料施加接触压力"。这些条款虽然不是在 GB/T 3836.2 标准中规定的，但是考虑到实际使用时的安全要求，隔爆外壳中使用的绝缘套管也应满足这些要求。为了防止绝缘材料在安装电缆过程中受力损坏，可以用图 5 - 42 所示的结构，导电杆高出绝缘座一些距离,使螺栓或螺母在拧紧时只抵住金属材质的导电杆,而与绝缘材料没有直接接触,避免了绝缘材料由于长期受到压紧力作用而损坏。

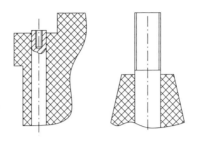

图 5-42　防止绝缘材料受力

如果绝缘套管用轴孔配合的方式安装在隔爆外壳的孔内,两者之间会形成圆筒形隔爆接合面,如果导电部件和绝缘件不是压铸成一体的结构,在导电部件和绝缘件之间也会有一个隔爆接合面,当外壳内发生爆炸时,火焰会从这些隔爆接合面中通过,虽然设计时该处隔爆参数都符合要求,但是由于接合面的其中一个面是非金属材料,在高温高压的火焰烧蚀下,可能会被损坏,导致间隙变大、接合面宽度变小,使隔爆结构失效,导致发生爆炸腔体内火焰传播到其他腔体,造成危险。因此,在 GB/T 3836.2—2021 19.4 中规定,应当在相应的试验气体中进行 50 次的火焰烧蚀试验,以检验绝缘材料是否能承受火焰的烧蚀。

为了避免材料性能的缺陷导致隔爆结构失效,在设计时可以用金属材料替代非金属材料制作隔爆面,例如,将绝缘材料压铸在一个金属套上,绝缘套管安装时,是依靠金属套上的圆筒或者螺纹隔爆接合面装配到隔爆外壳上的,这样就可以避免火焰对接合面上绝缘材料的烧蚀,也可以减少接合面从而消除火焰传播通道,如将导电部件与绝缘部件压铸成一体,其间没有火焰通道,从而也就不会有火焰烧蚀的问题。但是由于导电部件一般都是圆杆形状,外表如果未经处理,就是光滑表面,由于金属材料和非金属材料的热膨胀系数不一样,而制造绝缘套管时一般都是高温压铸,在冷却后,导电部件和绝缘材料可能就会松动,在安装电缆时,导电杆就会被拧转动甚至脱落,因此导电杆被压铸在绝缘材料内的表面部分应当进行图 5-43 的滚花处理或者加工出缺口,以将导电部件固定在绝缘件内。

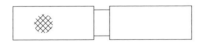

图 5-43　导电杆表面滚花

在结构设计时,还应注意优化结构,例如,在设计高压绝缘套管时,由于额定电压很高,要求的爬电距离也相应很大,如果只是简单地加高绝缘套管的高度,就会造成其安装后的体积过大,使接线腔内空间变小,甚至会造成绝缘套管导电杆与接线盖板之间距离过小而被击穿。我们应当根据 GB/T 3836.1—2021 中 3.6 和 3.2 对于爬电距离的规定,即"两个导电部分之间沿固体绝缘材料与空气接触的表面的最短距离",将绝缘套管相应的表面设计成如图 5-44 所示的曲面,在相同的高度下,从导电部件到金属壳体之间的沿着绝缘材料表面的最短距离,也就是加大爬电距离,这样可以有效地减小绝缘套管的高度,节省占用接线空腔的空间。

需要注意的是,原来矿用隔爆型移动变电站上使用的绝缘套管的结构已经不能完全符合新版的防爆标准了,这些绝缘套管的结构是用胶将金属螺纹套、金属衬套固定在高压绝缘瓷瓶上,根据 GB/T 3836.2—2021 中附录 C.2.1.4 的规定"当绝缘套管包括用胶黏剂装配的部件时,如果他符合第 6 章的规定,就认为是胶粘结的。如果不是这种情况,可采用 5.2.1、5.3 和 5.4 的要求",而在 GB/T 3836.2—2021 中 6.1.2 明确规定"构成隔爆外壳一部分的粘接接合面,只保证隔爆外壳的密封。其结构应使组件的机械强度不能仅依赖粘接材料的黏性",因此这种依靠胶固定零部件的结构明显不符合标准规定,应当按照新版防爆标准的规定进行修改,可以如图 5-45 所示,采用 DMC 或类似绝缘性能好的材料,压铸在金属螺纹套上,既能采用原来的安装尺寸,又能满足新标准的要求。

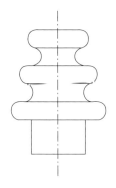 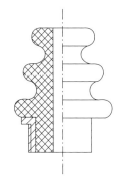

图 5-44　高压端子表面曲路　　图 5-45　改进后的高压套管

在设计绝缘套管时,应当从导电部件的材料和尺寸、绝缘部件的材料、绝缘套管的安装方式、结构等多方面综合考虑,既要安全可靠,有优秀的导电性能、良好的绝缘性能、足够的爬电距离，还要尺寸尽量小，拆装、接线方便。

目前绝缘套管的设计相当成熟，单芯绝缘套管有 JF 系列，多芯绝缘套管有 JD 系列，隔爆型三相异步电动机采用的螺纹隔爆接合面有 JM 系列，这些绝缘套管尺寸统一，安装方便，通常防爆电气设备的制造厂家只需要根据设备的电压等级、预计通过的电流值、电路的数量等因素，合理选择现场的绝缘套管即可。而采煤机电控箱、多回路组合开关等有特殊需要的设备，在设计时也可以参考这些绝缘套管的安装尺寸，以方便加工。

绝缘套管虽然是一个很简单的部件，但是其对隔爆结构仍然有直接且显著的影响，加上用量极大，不管是绝缘套管的制造厂家，还是使用厂家，都应当对其有足够的重视，严格控制质量，加强检验，才能保持隔爆产品的安全性能。

5.7 观察窗结构设计

隔爆型电气设备，如启动器、控制箱等，有时需要将设备的运行情况、监视结构以可视的方式提供给使用人员，还有一些设备本身的设计目的就是将各种信息显示给使用人员，如显示器、仪表等，还有一些设备需要向外部发射光线或者接收外部的光信号，如灯具、红外接收器，由于隔爆外壳通常都由不透光的金属材料制造，因此需要在外壳上设置透明件结构以实现这些目的。通常将包括透明件、衬垫、压板等相关部件统一作为一个整体，如图 5-46 所示，观察窗可以依靠压板、衬垫等零件固定在壳体上，也可以用胶黏剂黏在壳体上，这样的结构称为观察窗，这种结构在隔爆设备上应用广泛，结构虽然简单，但是由于透明件材料不便加工，且安装方式与普通结构有些差异，还是有不少制造厂家在设计、制造上遇到问题，接下来将对观察窗结构的各个部件逐一分析其设计要点。

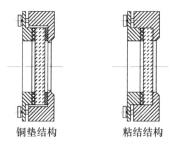

图 5-46 观察窗结构示意图

首先,我们来了解观察窗结构的核心部件——透明件。由于功能的需要,该零件的材料都应当能通过光线,根据这一要求,可供选择的材料常见的有玻璃、有机玻璃、聚碳酸酯等,但是并不是每种材料都适合制作隔爆外壳的透明件。接下来将逐一分析各种材料的优缺点。

在现行防爆电气设备依据的标准 GB/T 3836.1—2021《爆炸性环境 第 2 部分 由隔爆外壳"d"保护的设备》的 7.1.2.3d)7.4 中,分别对塑料材料的热稳定性能、表面静电电荷提出了要求,要求非金属外壳或者外壳的非金属部件具有足够的热稳定性能,在长期的工作过程中,不会由于受热而使材料性能降低;外壳表面不应积聚静电电荷,以免有导电体接近时产生放电而引起点燃危险。而有机玻璃的特点恰恰是:有热熔性,受热即会发生软化变形;受到摩擦后容易积累电荷。有机玻璃在长期使用时,材料强度会下降,且变脆、易损坏,使结构的可靠性降低。当隔爆外壳内部发生爆炸时,爆炸的高温会将有机玻璃点燃,或者将其加热软化,在受到爆炸产生的高压时,就会变形、损坏,导致隔爆结构失效。由于煤矿井下、工矿现场的使用条件通常都比较恶劣,环境中存在大量的煤尘、粉尘等,很容易在隔爆外壳、透明件上积聚,影响观察效果,需要经常擦拭透明件以便观察,如果使用的擦拭工具不当,则会加剧静电放电的风险。从这些条件看,有机玻璃非常不适合作为隔爆外壳的透明件材料使用。

另外一种有机材料聚碳酸酯则相对较好,聚碳酸酯具有机械强度高、耐热老化、耐热、阻燃性好等特点,虽然也容易积聚静电电荷,但是在采取一些适宜的措施后,还是可以有限制地作为观察窗透明件使用的。当使用聚碳酸酯作为隔爆外壳的透明件时,需要按照 GB/T 3836.1—2021 的 7.4.2 条的规定,采取相应的措施,消除静电电荷在表面积聚的危险,如涂刷抗静电剂、减小暴露面积、设置金属格栅等。同时,由于聚碳酸酯与隔爆外壳处的隔爆接合面有非金属表面,在进行型式检验时,需要根据 GB/T 3836.2—2021 19.4 的规定进行火焰烧蚀试验考核,确认在隔爆外壳内部发生爆炸时,火焰不会将隔爆接合面烧蚀损坏,使火焰沿着损坏的隔爆接合面传爆到周围环境。同时,为了确认材料的热稳定性曲线,还需要进行 20000h 的温度指数 TI 试验,在该点按照 GB/T 1102 6.1、GB/T 1102 6.2 和 GB/T 9341 测定时,其弯曲强度降低不超过 50%。这些试验周期长,费用高,并且用这样的材料制造的隔爆外壳在后期使用过程中存在诸多的限制条件。因此,如果制作企业不是特别需要,通常不建议采用这种材料。

目前隔爆外壳上最主要采用的透明件材料是玻璃,尤其是钢化玻璃。玻璃本身的热稳定性好，不会由于受热、受紫外线照射而老化、强度下降，使得外壳安全性下降。同时其表面不会由于摩擦而积聚静电电荷，引起静电点燃危险。钢化玻璃的强度也相当高，多年的实际使用经验表明，其强度完全能够满足各类隔爆外壳的需要，非常适合作为隔爆外壳的观察窗使用。但是钢化玻璃也有自身的缺点，其本身脆性很高，如果安装不合理，即使在没有外部冲击、碰撞等的情况下，也会由于自身安装不合理产生的机械应力而损坏，这种情况在制造商准备样品时曾多次出现，有些制造厂家的试验壳体在送到检验室时观察窗的钢化玻璃就已经损坏，经过拆解检查，通常都是由于观察窗的安装位置不平整，或者安装玻璃的接合面有加工缺陷。而且钢化玻璃加工困难，尺寸加工精度不高，与观察窗框配合差，如果设计尺寸裕量小，装配时可能很难装配到位，导致强行敲击透明件造成其破损，或者装配后位置可能偏差过大导致单边隔爆接合面参数不符合标准规定，甚至在试验时不能通过内部点燃的不传爆试验，因此，制造商在设计观察窗结构时，应注意考虑这些因素。

同时，由于透明件在工作时，尤其是作为灯罩时，会有比较高的温度，如果与低温的水接触，如与工作面除尘的喷淋水、巷道上部滴落的渗水、外壳上的冷凝水、雨雪等接触，都可能会突然收缩而爆裂，造成隔爆结构失效。因此各种透明件都应在型式检验时按照 GB/T 3836.1—2021 中 26.6 的规定要求进行热剧变试验，试验的温度应该是在最严酷的工作情况下，透明件上可能出现的最高工作温度，以确认其在这种情况下不会破损，保证隔爆结构安全。

透明件的尺寸应当与需要显示的内容匹配，应有足够的观察面积，能保证将需要显示的内容完整、清晰地提供给使用人员，另外，透明件材料强度肯定比隔爆外壳强度低，暴露面积越大，使用过程中被损坏的可能性也越高，因此，透明件尺寸应当在保证观察效果的前提下尽量小。由于在加工透明件时，制造厂都是按照其自身的标准进行加工的，如果隔爆产品设计人员任意设计透明件厚度，就会与实际的尺寸不符，在加工时无法选择合适规格的零件，因此，透明件的厚度应尽量选用现有的常规尺寸。

在确定透明材质后，就需要探讨透明件的安装方式了。目前，国内隔爆产品上的透明件主要有两种安装方式：压盘、金属衬垫等进行机械压装的方式，以及胶接的方式。以下我们分别对这两种安装方式进行分析。

当采用机械压紧安装方式时，由于玻璃韧性差、易碎，而观察窗框通常都由刚性的钢质材料制造，且表面有加工误差，不可能完全平整，在安装时，如果将透明件直接安装到观察窗框里，不采取任何缓冲措施，很容易由于透明件和观察窗框之间有间隙而产生机械应力,使玻璃破碎,因此,在 GB/T 3836.2—2021 的第9章有注"对由任何在部件内部产生机械应力的材料制成的透明件,其安装可能引起透明件失效",在实际设计和制造时,一般都在钢化玻璃和观察窗框之间加一层相对较软的衬垫进行缓冲,由于玻璃和衬垫、衬垫和观察窗框之间也形成了隔爆接合面,为了耐火焰烧蚀和阻燃,这些衬垫通常都用金属制造,最常用的是进行过退火处理的铜垫,既能起到足够的缓冲作用,又能满足隔爆接合面要求。由于钢化玻璃加工的尺寸精度低,与观察窗框配合时,配合尺寸不能像金属部件一样小,应适当放大开口尺寸,通常观察窗框的尺寸要比透明件大 1mm 左右,这样既能保证安装顺利,又能避免间隙过大造成位置不能固定,但是在这种情况下,设计隔爆接合面宽度时,应当考虑到若观察窗安装时偏向一边,另一边的宽度则会小,如图 5-47 所示,需要留有足够的裕量,以确保即使在最不利的装配条件下也能保证隔爆接合面宽度。在机械压紧时,通常都是用金属压盘压紧透明件,在压盘和透明件之间需要用橡胶或其他软的材料作为缓冲垫,防止压盘将透明件压碎。同时为了保证压紧效果,胶垫应当有足够的厚度,并且压盘、衬垫、透明件的总高度要比观察窗的深度要大,才能有足够的压紧裕量;否则压紧不够,无法保证隔爆接合面间隙。观察窗的压盘可以用螺栓压紧,也可以用螺纹方式固定,如果用螺栓压紧,则紧固螺栓需要有足够的强度,以保证压紧力量,并且不应太细,防止生锈、腐蚀、断裂。

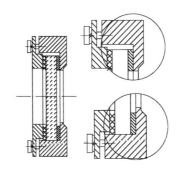

图 5-47 透明件放偏时接合面变小

胶粘的方式在国内 I 类产品上用得较少,而 II 类产品大多采用这种结构。这种结构的特点是可靠性高,如果胶的质量过关,安装后不会再进行拆装,以避免现场重新安装时出错造成结构失效。但缺点是如果透明件损坏,由于粘结用的胶很难清理干净,因此更换很不方便,建议的解决办法是将透明件粘结在金属框架上,然后将框架作为一个单独的部件,通过金属与金属的隔爆接合面,例如采用螺纹隔爆接合面的方式,安装在外壳上,更换的时候整体拆卸更换,但是成本比较高,国内不太愿意采用。无论采用何种胶粘方式,都应当符合 GB/T 3836.2—2021 第 6 章中的规定,如图 5-48 所示。胶黏剂只保证隔爆外壳的密封,其结构应使组件的机械强度不能仅依赖粘结材料的黏性,也就是说应当依靠其他机械方式固定透明件。

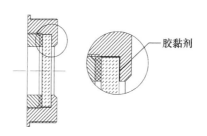

图 5-48 粘结接合面

粘结接合面的设置也很有技巧,如果壳体空间足够,可以直接采用透明件的平面部分作为接合面,这种结构对加工要求较低,且安装、填充胶黏剂时方便,但是为了保证接合面宽度需要占用较大的空间。如果体积有限,可以采用透明件的侧面作为接合面,这种结构对胶黏剂、加工要求相对较高,要保证透明件与观察窗框周围间隙均匀,厚薄差异不应过大,间隙过大时,胶黏剂固化慢;间隙过小时,胶黏剂流动不均匀;为了固定透明件的位置,防止胶黏剂未固化前位移,影响密封效果,往往需要设计一个小凸台,固定透明件。

因此,如果采用机械压紧的安装方式,通常建议采用金属衬垫的结构,透明件和观察窗框之间装有退火的铜垫,透明件和压盘之间装有橡胶材料的缓冲垫,铜垫和橡胶垫的厚度都不小于 2mm,保证足够的缓冲效果;在非压紧状态下,铜垫、透明件、橡胶垫、压盘凸台的总高度比观察窗框的深度至少大 2mm,以确保压紧效果;紧固螺栓长度符合 GB/T 3836.2—2021 中特殊紧固件的规定,不会由于顶到头而拧不紧,螺栓的直径通常不小于 M4,防止使用过程中锈蚀断裂;透明件和观察窗框之间的配合间隙通常在 1mm 左右,既不会太小而装不进,也不会太大导致安装偏差过大而使隔爆接合面宽度不够;透明件与铜垫、铜垫与观察窗框之间的隔爆接合面宽度,在设计时一般比标准规定的最小接合面宽度大 2mm,以防止透明件放偏时隔爆接合面意外变小而不符合要求;观察窗框的平面应尽量平整,以避免透明件安装后产生机械应力。

如果采用胶粘的方式,建议将透明件粘在金属框内,金属框和隔爆外壳通过隔爆接合面装配到一起,以方便更换损坏的透明件;胶粘结合面宽度应符合粘结接合面宽度的要求;透明件应当有额外的压紧固定措施(例如用压盘将透明件固定到金属框上,不应仅靠胶将它固定),但是这种固定措施需要考虑到长期工作中压紧装置的可靠性,例如在图 5-49 中,透明件仅靠两个金属片压紧,单薄的金属片受力会弯曲,达不到压紧的效果,并且压紧点太少,两个点无法均匀地压紧透明件,一般建议压紧点不少于 3 处;另外金属片直接与透明件接触,无缓冲措施,可能会使透明件因为直接与坚硬的金属接触而产生安装应力破碎。另外,胶粘结构在出厂试验时应进行例行的静压试验,防止由于加工缺陷而使隔爆结构存在安全隐患。

图 5-49 不合理的压紧措施

观察窗结构虽然很简单,最多只有 4 个或 5 个零件,但是由于透明件材料特殊,在设计时也有一定难度,需要制作厂家根据产品的要求,结合自身的工艺特点,进行有针对性的设计,才能保证隔爆结构的安全可靠。

5.8 电缆引入装置设计

隔爆型电气设备通常与其他设备都有电气连接,需要通过电缆引入装置将电缆引入隔爆外壳内,此时,电缆引入装置就构成了隔爆外壳的一部分,因此,与隔爆外壳及外壳的其他部件一样,引入装置应当能够保持外壳的隔爆性能,既能承受外壳爆炸时内部产生的压力,又能防止爆炸的火焰从引入装置向外传播。另外,还需要能将电缆可靠地夹紧,在电缆受到外力拉拽时不会松动,造成电路断路或短路而引起点燃危险。电缆引入装置对隔爆外壳的防爆性能非常重要,虽然电缆引入装置的结构相对简单,但是由于采购及加工方面出现的问题,在制造过程中还是经常出现不合格的情况,本节将对引入装置的结构要求进行探讨,以帮助设计制造单位提高安全性能。

最常使用的引入装置是采用弹性密封圈的引入装置,为了达到夹紧电缆及密封效果,需要将电缆穿过橡胶材料的弹性密封圈,并与压紧装置一起装配到联通节上。非金属材料的性能与组分间有密切关系,并且表面处理、制造工艺也影响其性能,其性能还会由于受热、受冷及时间的推移而下降,弹性变差会造成压紧量不够,无法有效夹紧电缆或者达不到密封的效果,造成防爆安全性能失效。因此,在 GB/T 3836.1—2021 第 7.1.2.3、7.2 中对材料的组分、热稳定性提出了要求,引入装置的制造商应当提供橡胶密封圈材料的制造、颜色、填充剂、添加剂、表面处理、连续运行温度等数据,防止在制造时误用其他制造商提供的材料,或者其他牌号的材料。并且橡胶密封圈的连续运行温度应当与在最严酷条件下运行时引入装置处的最高温度相适应,防止在过高温度下工作时弹性密封圈加速老化、失去弹性而导致功能失效,引起隔爆结构的失效。防爆电气设备制造商除了需要注意选择弹性密封圈的材料外,还要注意合理设计弹性密封圈的尺寸,包括密封圈的高度、内外径、厚度。由于引入装置的夹紧密封效果主要依靠密封圈实现,密封圈与电缆、密封圈与联通节之间需要形成合理的配合间隙,才能既有足够的夹紧密封效果,又能方便安装。密封圈内径应当与允许使用的最大规格的电缆直径相匹配,由于电缆直径在制造过程中允许存在误差,如果密封圈内径过大,电缆直径过小,配合间隙过大,就会影响夹紧效果,因此密封圈内径应当与电缆的设计最小直径相符,对于图 5-50 所示的适用于多种规格电缆的密封圈,其各个同心槽直径应当与各自对应的电缆最小直径相同。电缆需要安装在联通节内,之间的配合尺寸应当控制在合理的范围内,间隙过大会影响使用效果,间隙过小则装配困难,因此在 JB 4262—1992 中 4.10 规定,当密封圈外径≤20mm 时,直径差为 1mm,外径在 20~60mm 时,直径差 1.5mm,外径>60mm 时,直径差 2mm。此外,只有密封圈具有足够厚度、高度时,才能保证良好的夹紧密封效果,如果密封圈过薄、过低,在夹紧密封时,很容易变形过大而失去效果,因此在 JB 4262—1992 中 4.9 规定厚度不得小于 0.3 倍的内径,并且不得小于 4mm,高度不得小于 0.7 倍的内径,在 GB/T 3836.2—2021 的 C.2.1.1.1 中也规定了电缆密封圈的高度,在设计时,应满足相关的尺寸要求,确保使用的效果。

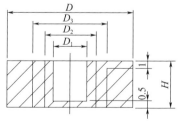

图 5-50 引入装置用密封圈(单位:mm)

对电缆的夹紧密封效果同样有着重要影响的压盘的设计也很重要。虽然电缆是依靠密封圈夹紧,但是需要用压盘将密封圈充分压缩,使其在轴向变短,径向膨胀,才能达到夹紧电缆和密封的效果,因此压盘应当能可靠地压紧密封圈。目前国内的电缆引入装置上,小规格的通常采用压紧螺母式进行压紧,大规格电缆引入装置如果也采用压紧螺母的方式,在螺纹加工精度不高的情况下,会很难压紧,因此,国内企业通常采用图 5-51 和图 5-52 所示的压盘和螺栓的方式压紧。这两种结构各有优点与缺点。压紧螺母式的压盘结构紧凑,压紧效果好,但是对螺纹加工有精度要求,且在安装大规格压盘时,如果配合精度差,安装比较困难,并且如果密封圈与压盘之间未安装金属垫片,压盘会回弹,很难压紧。螺栓紧固式压盘对加工精度要求低,安装容易,但是结构大、零件多,压紧效果不如压紧螺母式好。

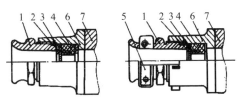

1—压紧螺母;2—金属垫圈;3—金属垫片;4—橡胶密封圈;
5—防止电缆拔脱用夹板;6—联通节;7—壳体安装位置。

图 5-51 压紧螺母式引入装置

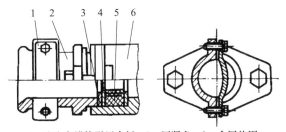

1—防止电缆拔脱用夹板;2—压紧盘;3—金属垫圈;
4—金属垫片;5—橡胶密封圈;6—联通节。

图 5-52 压盘式引入装置

在压盘的结构上,为了防止损伤电缆绝缘层,导致电气线路故障,在 GB/T 3836.1—2021 附录 A.2.4 中规定"电缆引入装置不应有损伤电缆的尖锐棱角",因此压盘穿线孔两端应进行适当的处理,尤其是出线口处,至少应当有一个弧度不小于 75°、半径 R 不小于允许使用电缆最大直径的 1/4(但不必超过 3mm)的圆弧,如图 5-53 所示。通常在实际设计时,均将出口处设计成一个合适的喇叭口形状,这样不但能有效防止电缆被尖锐的边缘损伤,还能避免电缆弯曲半径过小而折断。对于有些直径较大的电缆,仅靠密封圈已经不能可靠地夹紧了,必须增加额外的措施保证夹紧效果,在这种情况下,压盘上可以设计带防止电缆拔脱的压板,用螺栓紧固金属压板,将电缆可靠地夹紧在压盘上,防止电缆受力时从密封圈中脱落,此时,压板的边缘应进行必要的倒角,并且压板应当加工出圆弧以和电缆直径相匹配,增加接触的面积,提高夹紧的效果。

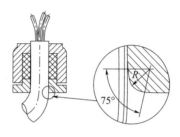

图 5-53 出线口倒角

在压紧、使用过程中,压盘始终受到密封圈压紧力的反作用,如果受力部分强度不够,就会在安装、使用过程中损坏,导致隔爆结构失效,因此,在 GB/T 3836.1—2021 的 A.3.1.5 和 GB/T 3836.2—2021 的 C.3.2 中规定了引入装置的机械强度试验,对压紧部分施加一定的力矩,考验压紧装置在极端情况下能否确保结构的可靠。另外,压盘的出线口虽然不会直接受力,也不会对隔爆外壳的安全性能产生影响,但是如果受损破裂后出现的尖锐边缘还是会破坏电缆的绝缘层,因此,压盘外露的喇叭口部分也要有足够的强度,防止其被冲击后发生破损。

在弹性密封圈与联通节内侧一端之间以及密封圈和压盘之间还应放置金属垫圈,以保证夹紧密封的效果。在设计时,一般都会考虑联通节可能通过多种规格的电缆,靠近隔爆外壳侧的通孔和压盘内孔都会按照最大直径进行设计,当通过较小的电缆时,若外露的密封圈过多,密封圈就会被挤压出联通节,即使不挤出,也会由于接触面积过小造成夹紧力不够。此时,就需要设置有孔的金属垫圈,既能通过电缆,又能增加密封圈端面的接触面积,保证夹紧效果,防止密封圈被挤出联通节。为了保证垫圈保持密封圈形状、位置的能力,金属垫圈应当有足够的强度,否则在受到挤压时会变形,达不到原有的目的,通常垫圈厚度不小于 2mm。

在密封圈与压盘处,尤其是在螺纹紧固方式的压盘处,如果不设置金属垫圈,在拧紧压盘时,由于弹性密封圈与压盘紧密接触后会黏在一起,与压盘接触的一端就会随着压盘一起转动,使压盘无法拧紧,当松开拧紧的外力后,密封圈会回弹,带动压盘一起转动,造成压紧不到位,不能保证压紧效果。当设置金属垫圈后,垫圈与压盘均为坚硬的金属材料,不会黏在一起,在转动压盘时,垫圈不会随着压盘而转动,因此螺纹紧固的压盘能够拧到可靠的位置,且由于弹性密封圈的弹力作用,压盘不会松开,能够保证压紧的可靠性。

隔爆外壳上的引入装置一般都不会全部使用,没有电缆穿过的引入装置如果不采取任何措施,就会形成对外通道,因此需要用封堵件进行封堵。国内大量使用的焊接在壳体上的引入装置无法被移除,只能像图5-54一样,用带凸台的堵板将其封堵,凸台应当能模拟穿过密封圈的电缆,因此凸台的直径应当与预计穿过的电缆直径类似,且能与密封圈配合良好。凸台的高度应当足够高,在 GB 3836.2—2000 的 12.4 中规定"压紧密封后,密封的最小轴向尺寸 X 应符合火焰通路的最小长度要求",虽然在 GB/T 3836—2021 系列标准中没有类似规定,但是考虑到安全要求,还是建议制作单位沿用该条要求,即保证在压缩后,凸台与密封圈之间的最小轴向尺寸符合隔爆接合面宽度的要求。堵板的平板部分应能将密封圈封堵住,因此它的尺寸参照垫圈部分即可。

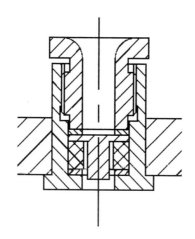

图 5-54 用带凸台堵板封堵多余引入口

密封圈需要安装在联通节内,联通节的内径尺寸大小决定了密封圈夹紧、密封效果的好坏及安装的便捷性。密封圈轴向被压缩后,会沿着径向膨胀,如果内径过大,联通节与密封圈之间的初始空隙过大,压缩后联通节内壁对密封圈的径向压紧力不大,密封圈就无法夹紧电缆,不能达到预期效果。如果联通节内径过小,密封圈就难以顺利地安装、取出,甚至会由于硬塞、硬撬而发生损坏,无法正常使用。因此,设计联通节时,应当合理控制其与密封圈之间的间隙,选择合适的公差,在加工时,应严格按照设计的公差加工,并且应当保证内壁的加工质量,不应有毛刺、尖锐凸起等瑕疵,防止划伤密封圈。压盘需要通过螺纹或者螺栓固定在联通节上,当采用螺纹固定时,联通节上的螺纹长度应当足够,能确保密封圈被压到底时,压盘没有被螺纹末端抵住,避免密封圈没有被真正压紧;并且螺纹应当有退刀槽,保证最后一段螺纹的加工精度符合设计要求,同时退刀槽不应太深,以防止联通节壁厚不够。当采用螺栓固定时,如图 5-55 所示,联通节上的螺孔板应当有足够的厚度,螺孔板应当可靠地焊接在联通节上,能承受压紧时螺栓施加的拉力而不变形损坏;螺孔周围应有足够的壁厚,能可靠地固定螺栓。

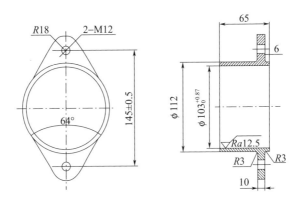

图 5-55 联通节上螺孔板(单位:mm)

最后,讨论联通节与隔爆外壳之间的连接方式。目前,我国矿用产品的联通节通常都是焊接在隔爆外壳上,这种连接方式加工简单,只要保证焊接质量即可,机械加工要求低,但是未被使用的联通节无法拆卸,需要用堵板进行封堵,安装维护时漏装零件也不容易发现,可靠性差;且设备搬移时,需要将引入装置各零部件都拆开,拆卸安装麻烦,并且容易丢失零件,后期使用不方便。厂用防爆设备和国外设备更多的是通过螺纹隔爆接合面将引入装置装配到隔爆外壳上,如图 5-56 所示,虽然加工要求高,需要按隔爆接合面的要求进行加工以配合尺寸,但是多余的引入装置可以用专用的封堵件进行封堵,可靠性高;并且在搬迁设备时,只需将引入装置整体拆卸,安装时再整体安装,使用方便,且不容易丢失零件。因此,建议设计制造单位在条件允许的前提下,采用分体式结构的安装方式,提高产品的可靠性与使用的方便性。

图 5-56　螺纹固定式引入装置

在实际设计制造中,建议企业尽量参照现有的标准选择合适规格的密封圈,例如 JB 4262—1992《防爆电器用橡套电缆引入装置》、JB/T 7565 系列《隔爆型三相异步电动机技术条件》等标准,方便使用与采购。作为使用单位,也应严格按照制造商规定的规格去更换损坏的零件,使用原厂的配件,不要随意使用不同规格、不同材料、不同制造商的零件,以免造成引入装置的防爆结构失效。

5.9　轻合金外壳抗冲击结构的设计

轻合金材料具有重量轻、铸造性能好的特点,在低机械强度要求的防爆电气产品,如在Ⅱ类的防爆灯具、防爆开关等上,大量地使用铝合金外壳,在煤矿井下使用的灯具、煤电钻等需要经常移动或携带的设备,也比较普遍地采用铝合金外壳。但是各种铸造轻合金也有显著的缺点:抗冲击强度差,当外壳受到较大的冲击后,材料本身强度不够,并且塑性差,很容易发生破裂,尤其是矿用防爆产品由于使用场所工况恶劣,标准规定的抗冲击强度要求比厂用的要高很多,这一缺点就更加明显。现在有很多的厂用防爆灯具生产厂家同时也做矿用防爆灯具,往往习惯将厂用防爆灯具稍作改变就当矿用灯具送审、检验,未注意加强外壳的机械强度,因而有大量的产品抗冲击试验不通过。本节以采用铝合金外壳的矿用隔爆型灯具试验结果为基础,结合产品结构特点,对如何提高产品的抗冲击性能进行探讨。

5.9.1　冲击效果

根据防爆产品相关标准的规定,防爆产品的外壳通常都需要进行抗冲击试验,冲击点应选在被认为最薄弱的部位,且位于承受冲击部件的外侧。在实际产品的检验中,主要有以下几种外壳受冲击情况。

外壳外侧是平面或者圆弧面，内侧无加强筋。这种结构外壳本体部分直接受到冲击，无缓冲，而且外壳本身无加强支撑结构，刚性最差。若原材料比较差，有较多的杂质，铸造时原料未能充分熔化，会造成铸件材质疏松、颗粒大，甚至有夹渣，进一步降低了外壳材料的性能。当这种结构的外壳受到外力冲击后，壳体容易发生大的变形，由于塑性差、强度低，变形程度超过材料的极限时就会产生裂纹，从而影响外壳的隔爆性能，如图5-57所示的未通过试验的样品。这种结构的产品试验通过率最低，外壳壁厚在5mm以下的防爆外壳基本都不能通过冲击高度为2.0m的抗冲击试验。

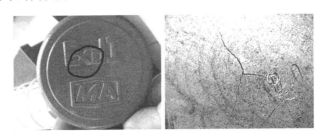

图5-57　平面冲击后破裂

第二种外壳外侧是平面或者圆弧面，内侧有加强筋。这种结构虽然无缓冲结构，但是由于内部有加强结构，刚性稍好，如果能够合理设置加强筋的位置和结构，能够提高产品的刚性，但是如果冲击点正好在薄弱位置，比如加强筋所围区域的中间或者加强筋相交的节点（该位置在铸造时容易产生应力集中），壳体变形也会比较大，导致试验失败，如图5-58所示。这种结构的产品试验通过率要好于第一种。

图5-58　内侧有加强筋冲击后破裂

第三种外壳外侧有凸起的筋。只要这些筋凸起的高度足够，当受到外力冲击时，外力就只能作用于这些筋，而无法直接冲击到外壳本体，等于是外壳上有缓冲结构,如果冲击能量高于壳体的强度,破损的就只是凸起的筋,壳体则毫无损伤,如图 5-59 所示。这种结构的产品基本都能通过试验。但是,如果加强筋比较短,无法阻挡冲击重锤,导致壳体本身仍然被直接冲击到,加强筋也就起不到缓冲或者阻挡冲击的作用,这样的外壳依然有冲击试验不合格的可能,如图 5-60 所示。

图 5-59　有加强筋壳体,冲击后完好

图 5-60　加强筋不够高,冲击后破损

5.9.2 改进措施

在出现试验不通过的情况后,生产厂家都会对外壳的结构进行改进,主要有这样几种方法:加强外壳的厚度、改进铸造工艺、加设加强筋。这几种方法的效果相差也比较大。

首先,单纯地加厚外壳厚度,并没有改善壳体的受力情况,当受到冲击时,由于材料的塑性差,还是会出现裂纹,只是裂纹比原来小。往往需要将壳体厚度提高到原来的 2~3 倍才能通过试验,效果并不明显,而且造成产品重量加大很多,失去了使用铝合金减轻产品重量的目的,同时生产的成本也大大提高。

其次,改进铸造工艺,改善铸造材料,使用压力铸造法替代原来的浇铸法,并且选用纯度更高的铝材。这种措施同样没有改善壳体受力情况,但是由于铸造时施加了压力,材料杂质减少,材料质地紧密,材料的机械强度得到很大的提高,如果同时适当加厚外壳厚度,也就能通过试验。但是压力铸造法对铸造的设备和工艺有较高的要求,制造成本略高。

在外壳上加设加强筋也是生产企业较多采用的方法,但是如果在内侧设置加强筋,由前面的试验结果可以发现,效果并不理想,所以通常都在外侧设置加强筋。加强筋的设计非常重要,太小或者尺寸不合理,无法起到缓冲作用,太大则会浪费材料。因此非常有必要通过计算尺寸达到合理设计,既能保证加强的效果,又能节约成本。在设计加强筋的结构时,除加强筋本身需要有足够的厚度以保证适当的抗冲击强度外,加强筋之间足够的距离和加强筋足够的高度也非常重要,只有足够小的距离和足够的高度才能避免冲击力直接作用于外壳壁本身,达到缓冲和加强结构的目的。GB/T 3836.1—2021 中 26.4.2 中规定的试验物试验物体应装有一个直径为 25mm 的半球形淬火钢制锤头,因此加强筋的间距通常不要超过 25mm,否则锤头会直接冲击到壳体。在计算加强筋高度时,如图 5-61 所示,当锤头刚好冲击到壳体时,$h = r - \sqrt{r^2 - \left(\dfrac{d}{2}\right)^2}$(其中 $r = 12.5$mm)。

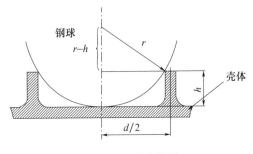

图 5-61 冲击位置

因此,在设计加强筋时,间距 d 应小于 25mm,而加强筋的高度 h 应大于 $12.5 - \sqrt{12.5^2 - \left(\dfrac{d}{2}\right)^2}$,就能有足够的结构确保缓冲外部冲击力。对于加强筋的厚度,考虑到结构的强度因素,以及铸造的难度和生产成本,通常建议不小于 2mm。这种改善结构的方法,虽然需要重新设计模具,增加了制造成本,但是产品安全性能得到很大提高的同时,并没有明显增加产品重量,而且由于此类产品的产量大,平均每个产品因修改模具而产生的额外费用并不高,因此综合成本并没有较大提高,是一种相对经济的方法。

5.9.3 结论

由于常规轻合金材料铸造的外壳抗冲击性能较差,制作防爆产品中容易受外力冲击的部件时,尽量不要选用铝合金等轻合金材料。当不得不采用时,首先要保证隔爆外壳壁有足够的厚度,同时在铸造过程中,应当选用纯度高的原材料,保证铸造成品的材质紧密,不要出现疏松、夹渣、颗粒过大、缩孔等铸造缺陷,以提高材料本身的抗冲击强度。当需要设置加强筋以缓冲外部的冲击作用时,间距 d 应小于 25mm,而加强筋的高度 h 应大于 $12.5 - \sqrt{12.5^2 - \left(\frac{d}{2}\right)^2}$,加强筋厚度通常不小于 2mm。

防爆产品的安全性能并非简单地通过改进设计、工艺等就能完全保证,保证安全性能需要生产企业在产品设计、生产、检验等诸多过程中不断改进、完善,合理设计产品的结构,正确地使用高性能的原材料,采用可靠的铸造工艺,并且严格地执行检验程序。同时也要求用户在使用过程中按照使用规范正确、合理地使用、维护产品,按照使用说明书的规定安装和使用产品,定期对产品进行维护,发现受损的部件或产品及时进行更换。只有多方面共同努力,才能保证采用轻合金外壳的防爆产品的安全性能。

本章思考题

1. 在设计隔爆外壳时,需要从哪两方面考虑安全性?
2. 如何确认隔爆接合面的位置及参数要求?
3. 尝试分析简单的隔爆产品图纸。
4. 尝试分析给定尺寸隔爆外壳的强度。
5. 设计观察窗结构时,常见的结构有哪些?需要考虑哪些参数?
6. 设计按钮、转轴时,如何避免使用过程中的磨损造成的隔爆接合面间隙增大?
7. 电缆引入装置由哪些零部件组成,如何考虑压紧方式?
8. 需要从哪些方面考虑绝缘套管强度?绝缘套管的电气安全要求体现在哪些方面?

第6章 隔爆电气设备检验

6.1 隔爆产品图纸要求

6.1.1 隔爆产品图纸的目的及意义

隔爆型电气设备在设计时,除要参考电气设备的通用标准外,还应当符合相关防爆标准的要求,但防爆标准是以基本概念为基础的标准,着重介绍了不同结构、材料的技术要求和检验方法,并且包括了很多种不同类型的产品,而不是针对某一具体产品的具体结构的标准,因此各个标准文件给出的产品结构信息肯定是不详尽的,也不能包括每个方面,制造单位是无法按照防爆标准生产出统一规格的产品的,因此需要制造单位根据防爆标准上相应条款的要求,对隔爆设备相关结构进行设计,确定结构参数,并以图纸的形式提供给制造人员,作为制造产品的依据。而检验机构首先需要审查产品的认证图纸文件以确认设计有无错误,并对照样机或样品和评估、检验表格来检验其是否符合标准。制造单位也要使用认证的图纸和文件来记录受控的详细情况。

在隔爆产品送审过程中,制造单位首先需要向检验机构提交隔爆产品设计图纸,很多隔爆产品制造单位在这一步就遇到了问题,有时甚至严重影响产品取证的进度。有些制造单位对防爆产品送审时需要审查隔爆图纸不重视甚至不理解,认为产品的设计是制造单位自己的事情,只要产品生产检验合格了就可以了;有些制造单位为了产品取证制作了防爆产品图纸,但是取证后并不严格按取证图纸生产,生产图纸还是采用最初的版本,甚至有些在取证后自行对图纸进行修改;还有一些企业由于缺乏有经验的防爆技术人员,没有能力提供合格的隔爆产品送审图纸。本节将介绍隔爆产品图纸除了通用制图规范的专门要求,供广大隔爆产品制造单位参考。

6.1.2 隔爆产品图纸送审的内容

在防爆送审时,制造厂需要提供的图纸通常有产品总图、产品电气原理总图、外壳和各主要零部件图纸、其他与防爆相关的图纸或技术文件,如与防爆相关的零部件图纸,浇封、磷化等重要工序的工艺文件。

专门为防爆送审准备的图纸没有必要包括制造产品的每个细节,与隔爆结构无关的零部件的图纸可以不提供,比如外壳上的吊钩、盖板上的手把等零件的图纸,这样既减少了制造厂准备图纸的工作量,又能节省图纸审查时间。

送审图纸和文件也不需要提供与防爆标准无关的资料,比如铸造的零部件,只需要提供有防爆相关尺寸标注的加工工件图纸,而不需要提供铸件图纸、粗加工图纸等中间过程的图纸,但是在这些情况下,制造厂必须确保有一个有效的系统来控制用于制造的图纸是来源于认证的图纸,以保证相关尺寸不会发生偏差。

需要注意的是,审查后留制造厂备案的图纸和文件如果需要改动,只能由检验机构重新审查确认并批准后才能变更,制造厂不能随意改动与防爆有关的图纸和文件,以防生产的产品与送审时的不一致。

如果使用具有代表性的图纸,图纸中必须规定代表哪一系列的产品,比如PGB 系列高压配电装置的隔爆外壳都一样,可以只提供一套送审图纸,但是总图和电气图纸上应当明确所有取证的产品型号、规格、参数。

6.1.3 送审图纸的要求

1. 通用要求

所有图纸都应规定包含图纸号、版本号、修订日期、图纸名称、设计单位名称(如果与制造厂不同的时候,应注明各自的详细单位名称)等重要的信息,送审的图纸上设计、审核等人员应当签字。

图纸中的所有尺寸都应用国际(单位)制 SI 表示,如果是英制单位,应当特别注明,防止相关人员误用。

应清楚地明确与防爆型式相关的部件的材料,如外壳、观察窗透明件等重要零部件的材质。如果可能,应指出相关标准规定的材料等级,如特殊紧固件应当明确具体的抗拉强度性能。如果没有标准或标准不能包含所有的相关要求,那么制造厂应提供材料的数据表,如引入装置的弹性密封圈,制造厂应当提供详细的组分,并明确表明处理的情况。

对于轻合金,通常要求规定铝、钛、镁、锆的百分含量,必要时,还应简单说明铸造的工艺,如采用压力铸造的方法以提高铸件的强度。

对于接地和屏蔽接地连接,应确定连接的型式、连接件的安装位置、材料和尺寸、指示标志、连接能力和防腐措施，以便制造人员正确地按设计要求进行加工制造。

对于旋转电机，图纸中应规定所有可能与旋转时的间隙相关的信息，以及有关在装配时如何达到标准规定的最小间隙的资料。

电路图应包括可能影响防爆安全的外部连接的详细说明，电机应当说明绕组和绕组绝缘数据（如果需要）。与安全有关的所有保护装置的额定值都应在电气图纸上说明。

标牌类图纸应当明确具体的内容，并且应标明标牌的材质、厚度、安装方式等信息，以确保信息易于被用户获取、不被误解，并能长期保持在设备上不遗失。

如果设备中使用已经认证过的元件或设备，例如隔爆外壳内部使用了本质安全型电源、隔离栅，增安外壳内使用了增安型接线端子，都应当在图纸合适的位置进行说明，应当明确这些元件或设备的防爆合格证号、防爆标志符号、型号、制造厂等。

2. 总图要求

产品的总图首先应当反映产品的外观及主要尺寸，还应准确反映各零部件的装配关系及位置，并标明内部元件的布置位置及每个元件的近似尺寸，以便审查及使用图纸的人员对产品整体结构有直观的了解。其次还应当准确反映各盖和门的压紧和密封方式，包括接合面配合的型式、紧固件的规格、卡扣数量、密封衬垫位置等。还应标明各隔爆接合面的位置，通常要求每种隔爆接合面至少标明一处，当无法在装配图上详细表达时，可以用剖面或指引的方式并配合单独的视图进行明确。各隔爆接合面的参数应当在总图上进行明确，这些参数应当按产品实际设计的尺寸，并按照最不利的装配情况进行计算，通常应当明确隔爆接合面的宽度、距离、间隙、粗糙度，如果是螺纹隔爆接合面，应当明确螺纹的直径、螺距、精度，以及防松动措施。

在总图的技术要求里应当能够明确产品主要参数、防爆形式、执行的标准、部件的主要装配要求、零部件需要进行的检验（如例行试验）、防锈、耐弧漆涂覆等必要的处理等，以便相关人员能够了解产品整体技术信息、装配和检验的要求，能准确地执行设计的思路。

产品总图还应有零部件的明细表，如果产品可能使用其他配件、配接设备，如配套的插销连接器、冷却风机等，也要在明细表上一并明确，以便相关人员准确地选择这些零部件和配套设备。

如果产品安装开关的操作杆、观察窗、插座等的位置可以选择,比如有些产品可以根据实际需要安装不同数量的按钮或插销连接器,那么应当在图纸上标示出来,并且要标明预期使用的位置和相应的安装尺寸,以便在生产时根据实际的需要准确地进行制造。

如果接合面或者各引入口处需要保护,那么应明确衬垫(压板,"O"形圈,凸缘)的材料和在工作中确保和控制衬垫的压缩方法。还应规定衬垫尺寸及其相关的性质。

3. 零部件图纸要求

外壳图纸上应当标明外壳上与防爆相关的全部尺寸,包括隔爆腔体尺寸、壁厚、法兰尺寸和厚度、各位置的粗糙度、加强筋的规格及布置位置等。如果提供了按钮、转轴等零件的图纸,应当标注出与防爆相关的尺寸,如接合面直径、配合面长度、在隔爆面上的槽宽与位置等,零件固定的方式也应当在图纸上予以明确,以便计算隔爆接合面参数。

在技术要求或者图纸上合适的位置应当明确焊接工艺要求,如焊缝尺寸、坡口情况、焊条参数等,以确保制造人员能够按照正确的工艺要求制造产品;检验的要求也必须在技术要求中明确,外壳耐压试验应当明确试验工序、试验压力、保压时间、合格判定依据,以便检验人员正确地进行检验,保证检验效果;还应明确表面防锈、涂覆的要求,以确保能按照设计的要求对外壳进行处理,保证防锈、耐弧效果。按钮、轴等零部件表面的处理要求,如电镀的方法、材料、厚度等,都应在图纸上标明,防止采用不符合要求的处理方法。

当部件由多个零件焊接或装配而成时,同样需要有零件明细表,列出相关零部件的信息。

4. 隔爆接合面的标注要求

以隔爆接合面的形式区分,主要有平面、圆筒、螺纹3种形式的隔爆接合面,这3种接合面的参数要求各有不同,在标注的时候应当按各自的要求进行标注。

平面隔爆接合面应当标注最不利装配条件下的最小宽度 L 和距离 l,如图 6-1 所示,在对应的位置上标注 $L \geqslant 40\text{mm}$,$l \geqslant 21\text{mm}$,也可以公差型式标出,例如,$L=(40\pm2)\text{mm}$,$l=(21\pm2)\text{mm}$。还应标出最大隔爆接合面间隙 i_c,如 $i_c \leqslant 0.2\text{mm}$。本书中的仅为示意图,实际标注时,可以根据行业习惯或者实验室要求以合适的方式标注隔爆接合面信息。

如果是快开门结构的接合面,间隙通常控制在 0.20~0.25mm,间隙太小会导致门盖开闭不顺畅,造成接合面磨蹭受损,间隙太大容易在内部发生爆炸时传爆。还应当明确紧固件的规格、屈服强度或性能等级,需要注意的是固定隔爆接合面的特殊紧固件应当按 GB/T 3836.1—2021 的第 9 章和 GB/T 3836.2—2021 的第 11 章要求进行设计。安装紧固件的位置,包括孔距、数量等应当标明,以便计算隔爆接合面参数及确认紧固强度;螺孔钻孔和攻丝的尺寸、深度应当标明,以便计算孔周围的金属厚度。

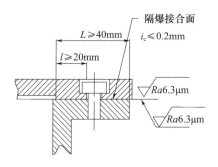

图 6-1 平面隔爆接合面图示

轴孔隔爆接合面同样需要标明最不利配合时的隔爆接合面宽度,还应当如图 6-2 标明轴和孔的直径及公差,以便计算最大配合间隙;电机的旋转部件还要标出最大和最小径向间隙,即 k、m,同时还应规定旋转电机的轴承的规格尺寸;如果按钮、转轴等零件镶有过盈配合的套,配合的长度及尺寸公差也应标明。

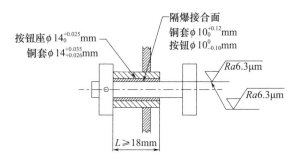

图 6-2 轴孔隔爆接合面图示

螺纹隔爆接合面需要标明螺纹的公称尺寸、精度,另外最不利装配条件下的螺纹最小啮合深度、扣数也应当能够准确反映,如图 6-3 所示。如果螺纹要求有防松动措施,也要将其反映出来;如果螺纹有特殊的加工、装配要求,也要在图纸上反映,以确保制造人员能准确理解设计要求。

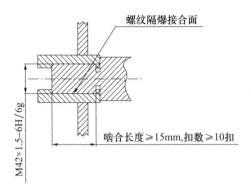

图 6-3 螺纹隔爆接合面图示

粘结接合面应标明通过胶粘接合面的最短距离,紧固零件的措施也要在图纸上予以反映,以确保接合面的强度不依靠胶黏剂的强度。还应详细说明胶粘接合面应当使用的胶黏剂,胶黏剂的信息可以使用制造厂提供的数据表,同时还要明确粘结工艺文件(可作为附件提供)。

5. 其他图纸要求

观察窗上有隔爆接合面的结构,在标注时要标明隔爆接合面的位置及参数,观察窗所用透明件、铜垫等零件的尺寸、材料和安装方法应当在图纸上详细标明,紧固用的紧固件规格、数量等同样也要明确,如果是粘结接合面结构,应当按照粘结接合面的要求进行标注,如图 6-4 所示。

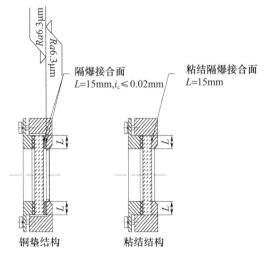

图 6-4 透明件图示

引入装置的数量、规格应当在总装图上予以明确;密封圈的尺寸规格、许用电缆规格、配套联通节内径、压紧件的尺寸等与夹紧密封性能有关的参数都应当明确，并且密封圈的详细材料，包括组分、外表面处理方法也要在图纸上以合适的方式体现。

电气原理图应当能准确反映电路主要工作原理、主要零部件及其参数，能够准确反映电路中是否有熔断器、继电器、开关触点、高温元件、电容、电池等与防爆性能有关的关键器件，并反映它们的型号规格，以便确认是否符合Ⅰ类设备直接进线的要求，或者Ⅱ类设备是否需要采取特殊的引入装置，或者是否需要控制断电后开盖时间；如果电路中有本质安全型回路的，应标明本质安全型部分，与非本质安全型电路进行区分。电路需要配接设备的规格、参数也要在电气图纸上进行明确，防止错误连接参数不匹配的设备引起防爆安全失效。

Ⅰ类设备的接线腔内，接线端子应当能够反映电气间隙、爬电距离有关的信息，包括电气间隙、爬电距离的测量位置、最小电气间隙、爬电距离，同时接线端子所用绝缘材料的详细名称、组分、CTI指数也应在图纸或相关的技术文件上予以明确，如图6-5所示。

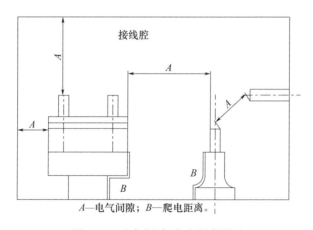

A—电气间隙；B—爬电距离。

图6-5 电气间隙、爬电距离图示

标牌类包括防爆标志、MA标牌、警告标牌、接地标牌、铭牌等，各种标牌都应在总图上或者相应的部件图上反映出安装的位置和安装方式，包括是否采用标牌垫板、安装铆钉孔尺寸等；标牌的材质、尺寸等也应在图纸上标明。

各种标牌的内容需要在图纸上详细说明。警告标牌类的标牌需要明确断电开盖的延时时间、所用特殊紧固螺栓强度规格、使用时的注意事项等；铭牌上需要明确防爆标志、防爆证书、安全标志证书、主要参数、出厂编号、制造厂名等产品信息；其他警示或说明类标牌也应当按照各种使用或设备特殊要求对相关内容予以明确,以向用户提供详细的信息。

如果设备上有联锁装置保证防爆安全,联锁装置的安装位置、结构、动作方式等都应当在图纸上进行明确,以防装配时发生错误,影响联锁装置的防爆性能。

6.1.4 小结

隔爆产品图纸设计是一项复杂的工作,需要设计人员既熟悉产品特点,又对防爆标准有充分的理解,并且考虑到制造、工艺、检验、审查各相关环节的需要,在工作过程中要求耐心、仔细,才能设计出正确反映产品结构、充分体现各种信息、布局合理、整体美观的图纸,只有在工作过程中不断完善和改进,才能提高图纸设计的水平。

6.2 由隔爆外壳保护的设备主要型式试验项目

根据前面章节的介绍,由隔爆外壳保护的防爆原理是:用一个具有足够强度的外壳,将电气部件保护起来,当电气部件产生的电火花或高温将其周围的爆炸性气体点燃后,外壳能够承受爆炸压力,使其不会对周围环境产生破坏。同时外壳部件之间的接合处具有很长的宽度和很小的间隙,使得爆炸产生的火焰不会传播到周围环境中,点燃环境中爆炸性气体而造成二次爆炸;或者即使火焰能传播出来,但是被接合面吸收了能量,而无法引起二次点燃。

基于这一原理,外壳应当能承受诸如冲击、跌落等机械试验及耐压试验等而不损坏,能经受内部点燃的试验而不传爆。如果是非金属外壳材料,除了具有足够的稳定性,本身还不应有点燃能力,其表面应当不容易聚集静电电荷而导致放电点燃。如果是轻金属外壳,应通过摩擦火花试验考核其在与生锈的铁碰撞时不能产生具有点燃能力的火花。对所有的防爆设备,设备表面也不应当有点燃危险的高温,应测量其最高表面温度。设备外壳或零部件如果采用了容易受温度影响的材料,还应测量其工作温度;确保这些材料能在长期运行中保持性能温度。

由于隔爆外壳涉及的项目较多,并且不同材质的外壳又有特殊的试验要求,因此本节将从试验的目的、对象、方法等方面,着重介绍一些常见的试验项目。

6.2.1 最高表面温度测定

这一试验的对象是具体的电气设备,试验目的是确定产品在承受最高环境温度和相应的最大额定外部热源时不超过相应温度组别限制。根据 GB/T 3836.1—2021 的 5.3.2 要求,对于用于煤矿井下的 Ⅰ 类为 150℃,或如果采取措施,如用防粉尘外壳将设备保护起来,能够保证设备表面不会堆积煤尘,最高表面温度可以不超过 450℃。而对于 Ⅱ 类电气设备,其最高表面温度不应超过表 6-1 中对应温度组别或规定的最高表面温度,或者将要使用的环境中特定气体的点燃温度。

表 6-1 Ⅱ 类电气设备的最高表面温度分组

温度组别	最高表面温度/℃
T1	450
T2	300
T3	200
T4	135
T5	100
T6	85

试验依据是 GB/T 3836.1—2021 的 26.5.1.3"最高表面温度",隔爆型电气设备应当依据 GB/T 3836.2—2021 的 14 中的规定。

这一试验应当在额定电压的 90%~110%、设备达到最高表面温度时的最不利条件下进行。对于电动机,最高表面温度也可在 GB 755—2008 规定的"A 区"内最不利的试验电压下测定。在这种情况下,应按 29.2e)标志符号"X"。具体使用条件信息应包括表面温度测定是基于在"A 区"(GB 755—2008)内进行的。通常,运行电压为额定电压的 ±5%。

除非特定保护型式特殊要求的特定故障,一般应当在不考虑故障情况下进行最高表面温度测定。

测定结果应按额定状态下最高环境温度进行修正。根据相关防爆型式专用标准的规定,温度测定应在电气设备处在正常工作位置和周围空气处于静止的情况下进行,所以在进行这一试验时,电气设备不应有空气流通,必要时可在封闭的小空间内进行,或者设置防风罩,同时还要注意避免放置样品的台面或地面导热,以防设备产生的热量被带走使得表面温度下降,影响试验结果。

为了准确地找出最高温度点的位置,可以先让设备通电运行一段时间,使其产生一定的温升后,用热成像仪对其拍照以确定温升高的位置,然后在这些位置上设置测温点,再按照试验要求进行试验。

试验判定依据是:对于 Ⅰ 类电气设备不应超过 GB/T 3836.1—2021 的

5.3.2.1 规定的值。对于必须承受型式试验确定最高表面温度的 Ⅱ 类电气设备,不应超过在电气设备上标示的温度或温度组别,但对于 T6、T5、T4 和 T3 组(或标示的温度≤200℃)应低 5K;对于 T2 组和 T1 组(或标志的温度>200℃)应低 10K。

6.2.2 工作温度测定

试验对象也是具体的电气设备,但其试验目的与最高表面温度测定不同,是为了测定不同部位最高工作温度,作为后续试验的依据。例如,测定透明件的最高工作温度以进行热剧变试验,测定引入装置密封圈的最高工作温度以进行耐热试验。

其试验依据是 GB/T 3836.1—2021 的 26.5.1.2"工作温度"。

这一试验在额定负载情况下,设备处于最高或最低环境温度和最大额定外部热源或冷源时进行。需要注意的是,各个受温度影响的部位都要进行分别测量,如透明件、引入装置密封圈、防护用密封条、粘结结构等,必要时可以在对应的位置预埋热电偶,以准确测量该位置的温度值。

6.2.3 抗冲击试验

试验对象为电气设备,也可以是其隔爆外壳或者外壳的部件,试验目的是确认电气设备外壳或相关的零件能否承受外部冲击而不产生影响安全的损坏。

试验依据为 GB/T 3836.2—2021 的 26.4.2"抗冲击试验"。

抗冲击试验装置的结构如图 6-6 所示。

用一个装有 25mm 的半球形淬火钢制锤头、总质量为 1kg 的试验物体,根据使用条件从相应试验高度垂直落下冲击外壳或零部件。每次试验前须检查冲头表面是否完好。

试验应在一台装配完好的、准备投入使用的电气设备上进行。但当这样试验无法进行时(例如,对透明件进行试验),则应将其相关部件移开,将无法直接试验的部件装在它本身的或类似的支架上进行试验。在提供的文件中有适当的理由时,允许该试验在空外壳上进行,对于隔爆设备,可以仅对外壳或外壳的部件进行试验。

试验应至少在设备的两个样品上进行,见 26.4.1。每个样品应在两个不同位置各进行一次试验。对有玻璃透明件的设备,两次试验中只应有一次在玻璃上。

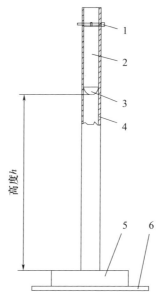

组件：
1—释放销；2—钢质锤体1kg；3—φ25mm硬化钢锤头；
4—导管；5—试样；6—钢座（质量≥20kg）；h—坠落高度。

图 6-6　冲击试验装置

冲击点应选在被认为最薄弱的部位，且在承受冲击部件的外侧。如果设备外壳用其他的外壳做保护，仅对保护外壳进行冲击试验。

被试电气设备应固定在一个钢制基座上，防止样品受到冲击后移动使得冲击能量被转移，影响试验结果的准确性，大型的样品如果受到冲击不会移动，可不采取专门的固定措施，小型样品应当可靠地固定，透明件最好在实际安装条件下进行冲击，如果条件不具备，也应当尽量模拟实际安装条件，例如用与安装结构材料一样的夹具将其固定在基座上进行试验。当被试表面是平面时，冲击方向应垂直于这个平面，可以通过水平仪进行找平。当被试表面不是平面时，冲击方向应垂直于冲击点所接触的切面，如果用导管方式释放锤头，应当注意保持导管的垂直，并且导管与锤头之间的间隙不应过小，防止产生活塞效应降低锤头下落速度。基座的质量最少应有20kg，或被固定牢靠，或埋在地下，例如浇注混凝土。

在最新的 GB/T 3836.1—2021 标准中，增加了对高度和重量的精度要求，高度精度为 $0 \sim +0.01\mathrm{m}$，锤头质量为 $1_0^{+0.01}\mathrm{kg}$，不同的冲击高度要求见表 6-2。同时，当试验锤头撞击试验样品，可能会产生一次或几次"弹跳"，在弹跳期间，试验锤头不应从试验样品表面移开，直到锤头停止。

表6-2 抗冲击试验中质量1kg重物的下落高度　　　　单位:m

设备类别	I类		II类或III类	
机械危险程度	高	低	高	低
(a)外壳和外壳外部能撞击到的部件(透明件除外)	2	0.7	0.7	0.4
(b)保护网、保护罩、风扇罩、电缆引入装置	2	0.7	0.7	0.4
(c)表面为5000mm²或更小,且由最小高度为2mm²的独立突出边缘保护的便携式或移动式灯具或手电筒透明件	0.7	0.4	0.4	—
(d)无保护网的便携式或移动式灯具或手电筒透明件,或表面超过5000mm²的透明件	2	0.7	0.7	—
(e)无保护网的透明件	0.7	0.4	0.4	0.2
(f)由网孔为625~2500mm²保护网保护的透明件,见21.1(试验时不带保护网)	0.4	0.2	0.2	0.1

注:网孔为625~2500mm²透明件的保护网能降低冲击危险,但不能阻止冲击。

6.2.4 跌落试验

试验对象为手提式或携带式电气设备,试验目的是确认设备能承受意外跌落而不损坏。

试验依据是GB/T 3836.1—2021的26.4.3"跌落试验"。

应当用类似手持的方式将样品至少从1m的高度跌落到水平混凝土地面4次,可不采用专用的试验设备,样品的跌落试验位置应是被认为最不利的位置。在释放样品时,应当控制样品的翻转,使其尽可能地撞击到薄弱位置,如果设备上有可拆卸外露的部件,如提手、手柄等,可在试验时将其拆除,但应保持样品总重量不变,以增加试验的严酷程度。跌落试验应将可更换电池组连到设备上进行。

对于外壳不是由非金属材料制成的电气设备,冲击和跌落试验都应在(20±5)℃温度下进行,材料数据显示其在规定环境温度范围内较低温度下能使抗冲击性能降低时除外。这种情况下,应按GB/T 3836.1—2021的26.7.2的规定在规定温度范围内的下限温度进行试验。

冲击试验和跌落试验产生的损伤不应使电气设备防爆型式失效。

电气设备轻微的损伤、表面漆皮的脱落、散热片或其他类似部件的破裂和小的凹陷均可忽略。

外风扇的保护罩和通风孔挡板经过试验后,不应出现位移或变形,否则会与运动部件接触。

6.2.5 透明件热剧变试验

试验对象为灯具的玻璃透明罩和电气设备观察窗,试验目的是确认试验高温的透明件能否承受冷水的喷射而不发生破裂。

试验依据是 GB/T 3836.2—2021 的 26.5.2"热剧变试验"。

试验时使透明件处在最高工作温度下,用温度为 (10 ± 5)℃、直径为 1mm 的喷射水对其喷射,透明件应不发生破裂。

为了使样品达到规定的温度,可以利用外部热源对其进行均匀加热,并用测温元件测量其温度。试验用水的温度也应进行测量,确定其在规定的范围内。在标准中,说明可以用一个小的注射器进行喷水,如图 6-7 所示。虽然喷水的距离和压力对试验结果没有明显影响,但检验室还是应当对其进行规范,以便统一。

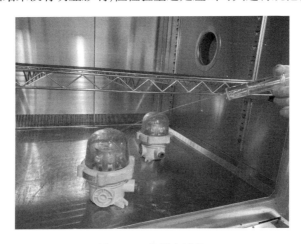

图 6-7 热剧变试验

6.2.6 扭转试验

试验对象为构成隔爆结构的绝缘套管,试验目的是确认试验绝缘套管能否承受接线和拆线过程中施加的扭矩,防止绝缘套管损坏导致隔爆结构失效。

试验依据是 GB/T 3836.1—2021 的 26.6.2"绝缘套管扭转试验"。

该试验用各种规格的扭矩扳手进行试验,可根据螺纹的规格选择合适的类型。

根据绝缘套管所用的螺纹规格确定力矩,在安装情况下,对导电杆施加表 6-3 中相应的力矩,如果接线腔过小或者接线柱安装位置太靠内侧,可以将绝缘套管模拟安装在具有同样安装尺寸的工装上进行试验。承受力矩作用时,导电杆和绝缘套管均不应转动。

表6-3 对连接件用绝缘套管的螺栓所施加的力矩

与绝缘套管配合的螺栓规格	力矩/(N·m)
M4	2.0
M5	3.2
M6	5
M8	10
M10	16
M12	25
M16	50
M20	85
M24	130

注：其他规格螺栓的施加力矩可由以上数值绘成的曲线确定。此外，对于大于上述规格螺栓的施加力矩可通过曲线外推法得出。

6.2.7 夹紧、机械强度试验

试验对象为防爆电气设备的引入装置，试验目的是确认试验引入装置能否承受外部对电缆的拉力而不松动，以及承受拧紧时的力矩而不损坏。

由于我们主要使用的引入装置采用的是适用于非铠装电弹性密封圈夹紧的方式，因此试验依据是 GB/T 3836.1—2021 的附录 A.3.1"非铠装电缆和带编织覆盖层电缆的夹紧试验"。其他类型的引入装置参考相应标准。

该试验需要采用图6-8所示的夹紧密封试验装置。在进行夹紧试验时，如图6-9所示，将引入装置的试验工装、密封圈、垫圈、压紧装置、芯棒等装配完整，并根据芯棒直径在钢丝绳上悬挂适合的砝码，并用百分表记录位置变化量。

图6-8 夹紧密封试验装置

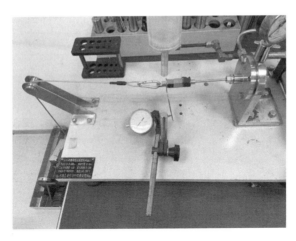

图6-9 夹紧试验

试验时,先进行1h的拉力试验,试验应在环境温度(20±5)℃下进行。如果芯轴或电缆样品位移量不超过2mm,则认为密封圈的夹紧作用合格。然后完整装配在一起的电缆和芯轴应先承受耐热耐寒试验,其最高工作温度应为75℃,如果引入装置实际测量的工作温度超过75℃(引入点处超过70℃或分支处超过80℃),则应当采用更高的试验温度进行耐热试验。

应将每种密封圈装在一个清洁、干燥、抛光的钢或不锈钢圆形芯轴上,且最高表面粗糙度 Ra 为 $1.6\mu m$,芯轴直径等于电缆引入装置的制造商对密封圈所规定的电缆的最小直径。

在环境温度为(20±5)℃的条件下进行试验,对电缆或芯轴施加相应的拉力[以N为单位,电缆引入装置设计为圆形电缆时,20倍芯轴或电缆直径(以mm为单位),或电缆引入装置设计为非圆形电缆时,6倍电缆周长(以mm为单位)]时,密封圈应能防止电缆或芯棒滑动,拉力的方向应当和电缆或芯轴在同一直线上,以保证试验结果的准确性。如果拉力方向为非水平式,则应调节施加力的方法以对芯轴和关联部件的重量进行补偿,保证电缆或芯轴收到的拉力符合要求。

试验进行6h,如果芯轴或电缆样品位移量不超过6mm,则认为该密封圈、填料或夹紧组件合格。

拉力试验之后,把样品从拉力机上移开做后续试验,机械强度试验必须视具体情况对螺栓或螺母施以防止松动所需的1.5倍力矩。然后拆下电缆引入装置并检查元件。当未发现任何影响防爆型式的损坏时,电缆引入装置机械强度试验应视为符合要求。密封圈的变形应忽略不计。

6.2.8 密封、机械强度试验

试验对象为隔爆设备的引入装置,试验目的是确认试验引入装置能否承受内部爆炸的压力而不会产生泄漏,以及承受拧紧时的力矩不会发生损坏。

试验依据为 GB/T 3836.2—2021 的附录 C.3.1、C.3.2。

试验前,完整装配在一起的电缆和芯轴应先承受耐热、耐寒试验,芯棒的要求与夹紧试验相同。

对于各种类型的电缆引入装置或导管密封装置,这些试验应使用所允许的不同尺寸的密封圈进行。在使用弹性密封圈的情况下,每种密封圈应安装在清洁、干燥、抛光的低碳钢圆形芯棒上,棒的直径等于电缆引入装置或导管密封装置制造商规定的密封圈允许最小电缆直径。

然后将组件装入,并且在螺栓(对于法兰压紧装置)或螺母(对于螺纹压紧装置)上施加力矩,使其对于Ⅰ类在 2000kPa、Ⅱ类在 3000kPa 液压下保持密封。

试验的参考力矩可在试验前根据经验确定,或者由电缆引入装置或导管密封装置的制造商提供。

将组件装配到使用带有颜色的水或油作液压液的液压试验装置内,原理图如图 6-10 所示。清除液压管路,然后液压逐渐增加。

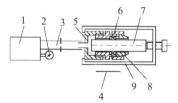

1—液压泵;2—压力表;3—软管;4—吸水纸;5—连接器;
6—密封圈;7—芯棒/金属护套电缆;8—压紧元件;9—固定夹。

图 6-10 电缆引入装置的密封试验装置

对于Ⅰ类在 2000kPa 压力下保持至少 10s,或对于Ⅱ类在 3000kPa 下保持至少 10s,如果吸水纸上没有任何泄漏痕迹,则认为密封满足要求。

密封试验后,在压紧元件上施加密封试验中所需力矩 2 倍的力矩,此力矩的数值以 N·m 为单位,至少为圆形电缆最大允许(电缆)直径值(单位为 mm)的 3 倍或非圆形电缆最大允许电缆周长值(单位为 mm)。

然后拆开电缆引入装置并检查其零部件。

对于用螺钉固定压紧元件的电缆引入装置,施加在压紧元件螺钉上的力矩应为密封试验所需力矩的 2 倍,但应至少等于表 6-4 中的数值。

表 6-4　机械强度试验扭矩

螺钉规格	力矩	螺钉规格	力矩
M6	10N·m	M12	60N·m
M8	20N·m	M14	100N·m
M10	40N·m	M16	150N·m

然后拆开电缆引入装置并检查其零部件。如果未发现电缆引入装置的任何元件损坏,则认为试验合格。

6.2.9　耐压试验(型式试验)

试验对象为隔爆外壳,试验目的为测定隔爆外壳的参考压力,并对外壳施加至少1.5倍参考值的试验压力,验证外壳能否承受内部爆炸时产生的压力。

试验依据是 GB/T 3836.2—2021 的 15.2"外壳耐压试验"。

在进行耐压试验前,首先需要测定参考压力。该测定通常在大气压下进行,如果设备预计用于低温环境,还应当根据标准中的要求进行额外的试验或者增加试验系数。旋转电机应在静止和旋转状态下进行试验。为了获得平滑压力,需要利用一个 $5\times(1\pm10\%)$ kHz 的 3dB 点低通滤波器对传感器测得的数据进行处理。

在获得参考压力后,需要对外壳进行过压试验,过压试验有两种方法:静压法和动压法。这两种方法是等效的,检验机构可以根据实际情况选择合适的方法进行试验。

用静压法进行试验时,试验压力应当为参考压力的 1.5 倍,或对于不进行例行过压试验的外壳,试验压力应是参考压力的 4 倍,或对于小型设备不能测定参考压力时,按经验值选择表 6-5 中的试验压力。

表 6-5　静压试验压力

容积/cm³	类别	压力/kPa
≤10	Ⅰ、ⅡA、ⅡB、ⅡC	1000
>10	Ⅰ	1000
>10	ⅡA、ⅡB	1500
>10	ⅡC	2000

加压时间至少应为 10s,如果没有通过外壳壁泄漏,则认为过压试验合格。

当采用动压法进行试验时,应当通过提高试验槽内初始压力的方法使外壳所承受的最大压力为参考压力的 1.5 倍,动压试验只进行一次,但ⅡC 外壳每种气体应进行 3 次试验。

试验时,若外壳未发生影响防爆型式的永久性变形或损坏,则认为试验合格。此外,在接合面任何部位的间隙都不应有永久性的增大。

6.2.10 内部点燃的不传爆试验

试验对象同样是隔爆外壳,试验目的是在大气压下,将外壳内和试验罐内以相同的爆炸性混合物,点燃试验外壳内部的爆炸性混合物,确认隔爆外壳防止内部的爆炸点燃周围环境中的爆炸性气体。

试验依据:GB/T 3836.2—2021 的 15.3 "内部点燃的不传爆试验"。

试验在大气压下进行,为了更加严酷地进行试验,应当拆除隔爆面上的衬垫,以利于火焰的逸出;隔爆接合面的宽度、间隙等应当按标准规定进行调整,用不同防爆等级对应的爆炸气体进行 5 次试验。如果点燃没有传到试验罐内,则认为试验结果合格。

由于隔爆外壳相关的试验项目需要根据具体的结构进行,并且在 GB/T 3836 系列标准中已经明确规定了各试验项目的方法和参数,本节仅进行了简单的介绍,详细的试验方法还应依据标准进行。

目前,国内各个防爆检验机构均采用图 6-11 所示的防爆试验槽进行试验,以保证安全性。其主体为一承压容器,槽体上有各种连接管路,以向试验样品、槽体内配置符合标准要求的爆炸性气体。并连接有点火、测压线路。槽体端盖采用快开式结构,便于取放样品。

图 6-11 防爆试验槽

6.3 隔爆型电气设备隔爆参数测量

正确合理的隔爆结构设计只是隔爆型电气设备达到防爆安全的前提,最终产品的安全性能需要生产过程来实现,并且需要对隔爆外壳的隔爆参数进行正确的测量才能确保生产出的产品符合设计的要求,保证安全性能。为了能够正确地测量隔爆参数,检验人员需要有足够的防爆相关知识,熟悉产品的结构,并且能根据不同尺寸、不同精度、不同测量位置选择合适的量具及辅助设备。本节将结合制造商的实际情况介绍隔爆参数测量的方法。

检验人员应当根据防爆检验机构审查合格的图纸进行测量,由于制造商可能有多个版本的图纸,零部件图纸也有可能会有多个加工步骤的图纸,为了防止图纸与检验机构审核图纸不一致,检验人员应当以最终版本的图纸(通常是使用检验机构盖章的图纸的复印件)作为检验依据。

隔爆参数的检查应当在零部件精加工以后完成,可以在零部件上进行测量,而不必等壳体装配完成,但应注意装配对隔爆参数的影响。如果是需要进行电镀的按钮杆、转轴等零件,应当在电镀完成后测量,以确认零件最终尺寸符合图纸设计要求。

6.3.1 测量前的准备

当检验人员应当根据检验安排将待检样品放置在合适的检验区域,并注意样品尤其是隔爆接合面的保护,防止重要部位被碰撞、砸伤,影响隔爆性能。大型的零部件,如壳体、盖板等,应当用软垫对隔爆面进行有效保护;小型的零部件可以放置在专门的周转箱或支架上,防止零件滚动碰撞或者跌落。

检验人员应当准备好检验依据的图纸或规范、隔爆参数检查的记录,并根据所测量参数的大小、精度、类型选择合适的仪器量具和辅助设备,在使用前应当确认仪器设备是否完好及计量有效性,不能使用损坏及计量过期的仪器设备。

测量隔爆参数时应当根据量程、精度的要求合理使用仪器设备,不应为了省事而使用低精度的量具测量高精度的尺寸,例如,测量电机轴直径时直接用游标卡尺而不使用外径千分尺。对于需要使用辅助设备才能完成测量的尺寸,如接线腔内的电气间隙,游标卡尺无法在狭小空间内测量,应当使用内外卡钳等相应的辅助设备帮助测量。

6.3.2 测量的过程

隔爆参数的测量分为目测检查和仪器设备测量两种方法,对于外观、标志、装配效果等无须测量数据的项目直接目测检查即可,对于隔爆接合面宽度、距离、间隙、粗糙度、电气间隙、爬电距离等需要测量具体数值的,应当用对应的仪器设备进行测量。下面将对这两种情况分别介绍。

1. 目测检查内容

目测检查内容包括：

（1）隔爆外观、结构是否符合审查合格图纸要求；

（2）防爆标志、安全标志是否齐全，是否与实际相符；

（3）电气闭锁装置是否可靠，是否用专用工具方可打开，应当手动测试闭锁效果；

（4）是否有严禁带电开盖等警告牌，内容是否与规定的一致，开盖的时间是否符合设计要求；

（5）隔爆面是否有损伤，外壳有无影响隔爆结构的缺陷；

（6）内外接地是否齐全，接地标牌的材质是否符合要求，接地螺栓或螺孔的规格是否与图纸一致；

（7）其他需要检验的项目。

2. 仪器测量

用仪器设备测量的内容有隔爆接合面的宽度、距离、平面度、间隙、粗糙度等。接下来将依次介绍各参数的测量方法。

（1）隔爆面平面度的测量：标准的测量平面度的方法通常包括平晶干涉法、打表测量法、液平面法等，但是这些方法对检验人员、检验环境的要求较高，不便于在生产现场大批量测量精度要求不是很高的平面隔爆面的平面度，因此，可以使用刀口尺及塞尺来近似地测量隔爆面的平面度。在测量时，将刀口尺放置在隔爆面上，然后用塞尺连续测量刀口尺与隔爆面之间的间隙，这一间隙可以近似地认为是隔爆面的平面度，并记录最大值，尤其注意测量转角位置的间隙值。测量时应当根据法兰的大小和设计时平面度的要求合理选择刀口尺的长度，如果用短的刀口尺去测量大法兰的平面度，就无法检验出法兰弯曲变形的程度，在这种情况下，法兰局部的平面度符合要求，但是整个面的弯曲过大，实际装配后，会造成隔爆接合面间隙过大而导致隔爆结构失效。

（2）隔爆面粗糙度的测量：对于一般粗糙度，使用对应加工方式的粗糙度比较样块进行比较，如果对粗糙度值不能确定，可以使用粗糙度测量仪进行精确测量。通常隔爆接合面的评价粗糙度 Ra 应当在 $0.8 \sim 6.3 \mu m$。

（3）平面隔爆接合面间隙的测量：测量螺栓紧固的平面隔爆接合面时，应当将各紧固螺栓用规定的拧紧力矩拧到位，然后用塞尺逐边连续测量隔爆面装配后的间隙，如果塞尺能够轻易塞进间隙，应当更换较厚的塞尺继续测量，直到无法塞入,此时能塞进的最大厚度就是隔爆接合面的最大间隙值。测量快开门结构时,应当将卡扣的紧固螺栓拧紧,把门盖关到锁定时的位置,需要保证四周的间隙均匀,如果间隙相差过大,应采用铜箔或者其他类似的措施调整间隙。

(4)平面隔爆接合面的宽度、距离:应当测量隔爆接合面最小宽度、最小距离,要对法兰各边都进行测量,尤其是加工时造成的缺口处的尺寸,并记录其最小值。测量时应当充分考虑装配对参数的影响,并且应当在最不利的安装条件下进行测量,例如要考虑当盖板往下偏移时的情况。两个隔爆面装配后接触不到的部分,不应当作有效的隔爆接合面宽度,同时还应注意扣除法兰和孔边缘的倒角,紧固螺栓孔应减去对应光孔的尺寸。如果隔爆面上有密封胶条槽,应当扣除其宽度,并且两边的宽度不应相加,只测量其中一边的宽度。在测量时,应当根据尺寸使用量程合适的游标卡尺、内外径千分尺、百分表及辅助工具测量相关尺寸。测量的位置见图6-12~图6-17。

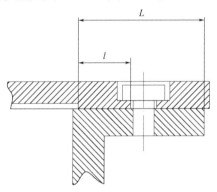

图6-12 外侧螺栓紧固方式隔爆参数测量

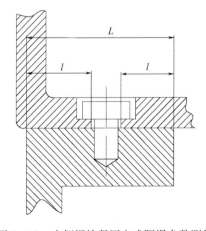

图6-13 内侧螺栓紧固方式隔爆参数测量

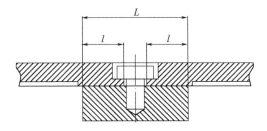

图 6-14　中间有螺栓紧固的隔爆参数测量

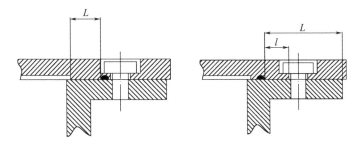

图 6-15　隔爆面上有密封圈的隔爆参数测量

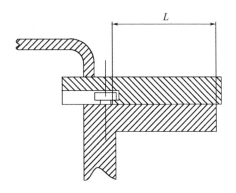

图 6-16　快开门结构隔爆参数测量

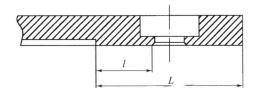

图 6-17　隔爆参数测量位置

（5）圆柱隔爆接合面：应当测量隔爆接合面最小宽度、最大间隙、粗糙度。应当用游标卡尺测量配合的最小接合面宽度，在测量隔爆接合面宽度时，要注意将轴杆放置在最不利的装配条件下测量，如将按钮杆按到最里面的位置，并扣去杆上槽的宽度；用内径千分尺测量安装孔的内径，用外径千分尺测量轴、杆外径，测量直径时，应当注意测量不同位置和角度的直径，以便尽量减小加工误差对测量的影响，尽可能地测量到隔爆面的真实尺寸。在测量孔时，可用手电筒或头灯进行辅助照明，帮助观察。当孔过小而无法用内径千分尺时，可采用通规止规进行检验，需要注意加强通规、止规的检定校准工作，防止由于频繁使用产生的磨损影响测量结果准确性。同一规格的多个孔或杆，每个尺寸都应进行测量。测量位置可见图 6-18 ~ 图 6-20。

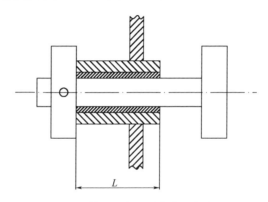

图 6-18　轴孔配合隔爆接合面宽度测量

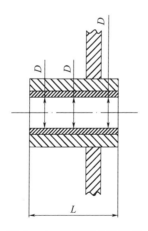

图 6-19　孔隔爆参数测量

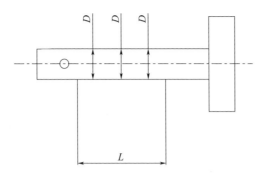

图 6-20　轴隔爆参数测量

（6）螺纹隔爆接合面：应当如图 6-21 所示，测量螺纹接合面的有效啮合长度、扣数、螺纹精度。在测量时，可将螺纹拧到最不利的装配位置，用游标卡尺测量有效的啮合长度，应当注意减去退刀槽的宽度，然后根据啮合的长度计算拧入的扣数；用螺纹环规（通规、止规）测量外螺纹精度，用螺纹塞规（通规、止规）测量螺孔的精度。矿用螺纹隔爆接合面应当有防松措施。

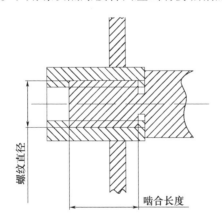

图 6-21　螺纹隔爆接合面参数测量

（7）紧固螺栓：应当测量紧固隔爆面的特殊螺栓的规格，包括螺栓的直径、长度，还需要测量螺孔的深度、螺纹深度、螺孔周围的厚度，光孔的直径应满足 GB/T 5277 的中等精度要求。应当用游标卡尺测量相关尺寸，必要时可以借助细杆等辅助工具测量孔深，并结合光孔的厚度计算螺栓的拧入深度是否满足要求，螺栓的头部是否有一扣以上的裕量；还应测量孔底厚度，可以通过用壳体厚度减去孔深度的方式计算，如图 6-22 所示。注意核对螺栓的强度性能与图纸、警告标牌规定的是否一致。

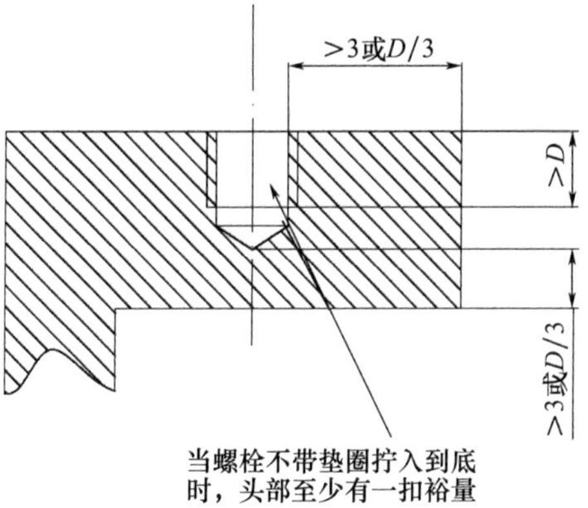

图6-22 螺孔的要求

(8)电气间隙、爬电距离:应当分别测量导电杆与导电杆、导电杆与金属外壳壁之间的电气间隙及不同电压的爬电距离,尤其注意导电体与壳体周围、接线盖板、接地端子之间的距离,测量时应将接线柱旋转到电气间隙最小的位置,并且注意计算接线对它们的影响。应当用游标卡尺测量各距离,当接线腔空间狭小,游标卡尺无法进入其中测量时,可以使用内外卡钳等辅助工具帮助测量。测量爬电距离时,应当沿着导电体之间的最短表面进行测量,并注意考虑电缆安装后导线对爬电距离的不利影响,测量位置如图6-23所示。

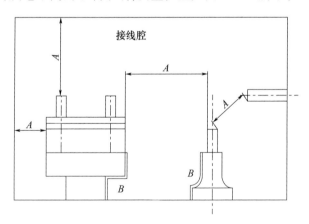

图6-23 电气间隙(A)及爬电距离(B)测量

(9)观察窗:应当测量透明件尺寸,对于采用铜垫结构的,还要测量接合后有效隔爆接合面宽度、铜垫的尺寸、橡胶垫厚度、压盘凸台高度、观察窗座深度,观察窗座深度减去透明件、铜垫、橡胶垫、压盘凸台高度的总和为安装后的压缩裕量,压缩裕量应足够大,以防透明件、铜垫不能有效压紧及隔爆接合面间隙过大;在测量时应同时测量观察窗座的平面度、粗糙度,以确保铜垫与观察窗座之间的良好配合;对于胶粘结构,应当测量胶粘接合面的宽度,可以在零件未胶粘时模拟放置,如果是胶粘后的观察窗,应观察胶粘的质量,不应有气泡、缩孔等缺陷,并检查压板是否能有效压紧透明件。隔爆接合面的宽度如图 6 - 24 所示。

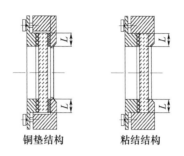

图 6 - 24 观察窗隔爆参数测量

(10) 引入装置:应当测量密封圈非压紧状态下的尺寸,包括外径、各内径、高度,还应测量联通节内与密封圈配合的内径,以确保间隙合理,既不会太松而影响压紧效果,又不会太紧导致安装时损伤密封圈。同时应检查各零件是否齐全,确认压紧螺母的压紧扣数是否足够,螺母或压盘能否压紧密封圈,多余的引入装置应当由专用的 T 形堵片进行封堵。

(11) 壳体上的安装孔:外壳及门盖上的安装孔,如门盖上安装标牌的铆钉孔或螺孔,壳体内安装电气芯体的螺孔等,应当注意检查孔底剩余的壳体厚度,剩余厚度 = 壳体总厚度 + 安装凸台的高度 - 孔深度。壳体厚度可用超声波测厚仪测量,测量时应注意减去测量部位的油漆,也可以采用钢板最小厚度进行计算;孔的深度可借助游标卡尺尾端或者细金属杆辅助测量。

检验人员应当及时记录查样结果。记录应当用规范、清晰的字体在记录表上填写,数值应当书写规范,有效位数不应省略,应当按量具仪器的实际读数进行记录。测量完成后,检验人员还应确认仪器设备是否完好,以确认测量的有效性。

隔爆参数测量对确认隔爆外壳的防爆安全性能至关重要,制造企业应当足够重视,并对检验人员进行专门的培训,以使其能够正确地进行测量。对于测量过程中发现的问题,检验部门应当向生产、设计部门及时反馈,以便其根据存在的问题进行有针对性的改进,提高产品的安全性能。

6.4　隔爆外壳静压试验

隔爆外壳的静压试验，作为 GB/T 3836.2—2021《爆炸性环境　第 2 部分：由隔爆外壳"d"保护的设备》标准里例行检验中规定的静压试验的常用试验方法，确保了隔爆外壳的安全性。每个隔爆外壳的制造企业，几乎每天都要进行静压试验，但是并不是所有的企业都能安全、有效、合理地进行该试验。下面我们将依次从静压试验的各个方面依次进行分析。

静压试验的对象是隔爆外壳，包括组成外壳的壳体、门盖、有粘结结构的接合面等。其目的是保证外壳能够承受外壳内部发生爆炸时产生的压力，并且不存在与外部相通的通孔或裂纹，防止内部的爆炸火焰传播到外壳外部，点燃环境中的爆炸性气体。通常是在环境温度下进行这一试验，试验的压力至少应当为 1.5 倍的参考压力，压力保持时间不少于 10s，一般只进行一次即可。

但需要注意的是，并不是所有的隔爆外壳都需要进行例行的耐压试验，如容积不大于 $10cm^3$ 的外壳，以及容积大于 $10cm^3$ 但是以 4 倍参考压力的静压进行了规定型式试验的外壳。由于焊缝质量的不可控性，具有焊接结构的外壳在任何情况下都应进行例行试验，在最新版的国际标准中，此要求可用对焊缝的检验进行替代，或者用基于统计的批量试验的方式进行。对于不能测量参考压力的外壳，由于无法确保其具有足够的耐压性能，因此也不应免除例行静压试验。

虽然在标准中只规定应当进行静压试验，并没有规定具体的试验介质，但是由于气体被压缩后会存储很高的能量，一旦外壳损坏，压力迅速释放，很容易造成人员伤亡事故，因此，从安全考虑，一般不建议气压试验，除非对外壳或结构有特殊要求而不得不采用气压试验，即便如此也应当尽量做好防护措施，如在液体中进行，即使外壳破碎，也不会高速飞出伤人。从经济考虑，由于水的成本较低，并且试验后容易被清理干净，一般都采用水作为试验介质（即水压试验），只是应注意试验后对外壳进行防锈措施，防止加工后的隔爆面锈蚀。

在试验过程中，应当及时检查试验情况，如果试验用的水既没有通过外壳壁泄漏，也未发生接合面永久变形或外壳损坏，即认为试验合格。需要明确的是，从接合面处少量泄漏不视为不合格，而焊缝、铸件上的泄漏视为不合格。在检验时，可以通过在外壳上涂肥皂水检查气泡的方式检查微小的泄漏。如果壳体、盖板除法兰以外的位置发生轻微变形，只要不影响隔爆结构，即可不视为不合格;应当检查到所有的焊缝,如果焊缝较多,可以适当延长试验时间,并将壳体支撑起来,以方便检查。

一个典型的水压试验装置如图 6-25 所示,其中包括这样一些部件:容纳试验用水的水箱、提供压力的水泵、各种连接管路、检测试验压力的压力表、关断阀门、各种密封固定工装。这些结果虽然看似简单,但在实际使用中有许多需要特别注意的地方,接下来将逐个进行探讨。

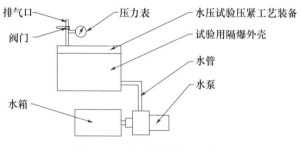

图 6-25　水压试验装置示意图

水压试验装置基本的要求包括:试验样机或工艺装备上最好设置放气管,并且放气管最好放置在最上方,以便尽量排出壳体内空气,保证试验效果;合理设置压力表的安装位置,使得压力表显示的压力值与外壳内的实际压力一致,而非显示水泵出口的压力;进水口应当有关断阀门,以检验能否保持压力;水泵流量应适当,保证试验效率;必要时应有合适的试验工艺装备;应有必要的防护措施,水压现场宜有集水、排水、防触电措施,以保障试验人员安全。

容纳试验用水的水箱的大小应当和被试验样机的容积匹配,如果容积过小,在试验时就需要频繁加水,影响效率,试验完成后进行泄压,样机内水回流时,水箱如果容纳不下而溢到试验场所,容易引起摔伤、触电事故。同时一般试验用水都是循环使用,如果不设置必要的过滤装置,样机内的碎屑杂质等进入水泵,容易造成设备损坏。

水压装置上设置放空管绝非画蛇添足,如果没有专门的排气/排水口,外壳内原有的空气就无法排出,由于空气的压缩比要远大于水,施加压力时,空气的体积不断变化,不能保持外壳内部压力的稳定,影响试验精度;如果外壳上方有泄漏时,无法察觉空气泄漏,就无法准确判定试验结果;如果外壳存在缺陷而破裂,空气的泄漏速度会远大于水,容易出现高速喷射碎片或其他物体的情形,危险性高。因此,一般在试验外壳的最高位置设置一个放空管,试验开始时先打开阀门,让外壳内的空气由此排出,当开始从管口流出水时再关闭阀门保持一定的压力；试验完成后进行泄压,当壳体压力降到大气压时,可以打开上方放空管,加快水流出的速度。

对于水压试验压力测量的仪表,应当合理选择量程,量程过小容易在过压或压力上升过快时受损,量程过大则会造成读数不准确,因此对于通常 1MPa 水压试验压力的装置,选择 2.5MPa 量程的压力表比较合适。压力表最好设置在放气管上,以便尽量测得壳体内最小压力；压力表不应设置在水压泵出水口,由于管路压降及泄漏的影响,外壳实际承受的压力要小于水泵出口处的压力,这会影响试验结果的准确性,且水泵工作时压力不稳定,无法准确读数；压力表也不应设置在关断阀门外侧,否则当到达试验压力后,关断进水阀门,壳体内压力与阀门外压力不一样,也无法测量实际试验压力。

进水口的设置也非常重要。外壳上的进水口尽量设置在下方,以便尽量排出空气。进水口处应设置关断阀门,当外壳内压力到达试验压力后能够切断供水,保持内部压力稳定,否则由于水泵一直在供水,而管路和水泵、试验壳体处的接头有泄漏的可能,因此无法通过压力表上读数的变化判断壳体或者管理接头处是否有泄漏,不利于结果判定。

另外,在进行水压试验时,往往不注意水压泵的选择和升压速度的控制,造成试验效率低下。在试验时,应当根据被试验样品的腔体大小选择流量合理的水压泵,用流量过小的泵进行大腔体样品试验时,注水时间过长,而用流量过大的泵进行小腔体样品试验时,又会导致压力升高过快,甚至使得样品承受过大压力而损坏。因此,应当根据样品腔体大小选择相应流量的水压泵,流量控制在能够明显看出水压表上指针均匀移动,但压力又不会升高过快的程度。

在试验时,建议逐步升高压力,不宜一次性加压到试验压力,以防止外壳因有缺陷而损坏。一般应先将压力升到考核压力的 10% 左右,暂停打压,检查各接合面有无泄漏,紧固件有无松动,并及时调整紧固件,如泄漏过大,还应暂停试验,更换密封垫等,或检查外壳有无明显缺陷。然后再将压力升到考核压力的 30%～40%,暂停打压,查看各接合面有无渗漏,外壳有无明显变形,紧固件有无松动,如果外壳变形过大,应及时停止试验,避免外壳因不能承受压力而损坏。在确认情况正常后,逐渐将压力升高到考核压力,关闭进口阀门,保持压力,检查外壳情况,主要检查接合面、外壳有无变形和渗漏,紧固件有无松动。试验完成后,泄压时应逐渐泄压,待泄压完成后再去拆卸样品。

在试验时,需要紧固外壳的各个部件,保证试验过程中结构完整性；还要保证接合面密封性能,保持试验过程中壳体内部压力；封堵壳体上安装按钮、转轴、透明件、绝缘套管、引入装置的孔,保持压力;支撑外壳上实际工作过程中不受力的结构,避免其在试验过程中被损坏。因此,通常还应当配备相应的试验工艺装备,这些试验工艺装备包括法兰紧固、接合面密封、孔封堵、结构支撑等。

普通螺栓紧固结构法兰的紧固工艺装备,可以选用与产品实际使用的强度相同的螺栓,其优点是无须额外加工工艺装备,简便易操作,但缺点是拆装费事,试验过程中需要随时调节紧固程度。在使用前应注意检查螺栓完好性,如有拉长应及时更换,防止试验中出现断裂、发生事故。

另外,在实际检验中,制造企业为了省事,往往采用 C 形卡扣的工艺装备或专用压机,其优点是安装方便快捷,但是 C 形卡扣容易滑脱,压机可能会对外壳造成额外压紧力。当采用 C 形卡扣紧固法兰时,如图 6 - 26 所示,如果门盖刚度不够,C 形卡扣尺寸过小,当法兰受力时,会扭转变形,将 C 形卡扣崩落,造成高压水泄漏。而采用压机固定外壳时,需要注意外壳结构特点,有些正常工作时不受力的结构,如果安装不当就会被损坏。如果壳体是如图 6 - 27 所示的结构,分成粗细不同的上、下两个壳体,例如灯具外壳,由于密封的需要,施加的压紧力往往要数倍于试验压力,外壳两端连接的位置承受了巨大的剪切力的作用,导致外壳连接处被压裂,细的壳体被压进粗的壳体内,外壳严重破损。类似这种结构,建议制造单位优化设计,改进结构,或者采用专门的工艺装备,既便于检验,又能防止外壳上产生剪切力。

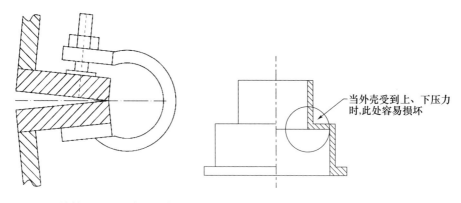

图 6 - 26　被撑开的 C 形卡扣示意图　　图 6 - 27　易损的灯具外壳

并且,基于强度考核的目的,对隔爆结构的完整性起作用的紧固螺栓、螺孔应当在例行检验时被考核到。因此,采用 C 形卡扣、压机固定的方式并不能满足考核紧固结构的要求,无法考核到法兰、紧固结构的强度,造成试验结果的不可靠。因此,检验制造企业应按产品实际的紧固方式进行静压试验考核。

由于隔爆外壳上都会有门盖、引入装置、按钮、观察窗等孔洞,如果直接装配后进行试验,会在隔爆接合面处有泄漏,无法进行试验。因此,在进行水压试验时,需要用专门的密封工艺装备保持密封,以进行试验。但是有些工艺装备的设计并不合理,容易在使用中损坏或者使用不方便,甚至有些会造成危险。例如,常见的按钮、接线柱的安装孔,有些企业采用圆锥形的橡胶柱塞进行封堵,如图 6-28 所示,在新封堵的时候,这种密封工艺装备能有效密封,但是在使用多次后,橡胶会老化失去弹性,或者因为磨损变小,当在试验受到大的压力时,可能会从孔洞中飞出,在实际试验时,也确实出现过这一情况,所幸未造成人员伤害。在设计这类工艺装备时,应当注意安全性,尽量采用如图 6-29 所示的金属件加密封垫的结构,防止橡胶老化损坏而发生事故。

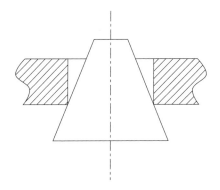

图 6-28 用圆锥形橡胶塞进行行封堵

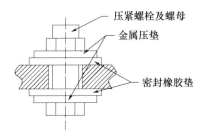

图 6-29 采用金属件加固的密封措施

有些外壳在设计时,会有外部结构挡住隔爆接合面,但不构成隔爆结构,如果直接采用普通平面密封工艺装备,会导致这些部位承受外力而损坏。因此需要设计专门的工艺装备,支撑外壳上实际工作过程中不受力的结构,避免其在试验过程中被损坏。如图 6-30 所示,灯具外壳安装的透明件外侧有一圈挡板以安装金属网罩,这圈挡板虽然是外壳的一部分,但不在隔爆腔内,因此内部发生爆炸时挡板并不受力,无须进行耐压试验,其强度也确实不足以承受压紧的力,因此有必要设计专用工艺装备,仅支持实际受力部位,避免其损坏。需要注意的是,不应支撑外壳实际使用过程中的受力位置,以免影响试验效果。

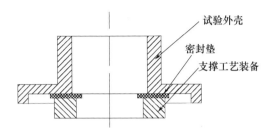

图 6-30　支撑工艺装备示意图

在对外壳进行耐压试验时,有些企业为了减少密封工艺装备,直接将外壳扣在有密封垫的平台上,平台中央有进水,口上方用带液压支架的刚性平板压住,依靠液压支架将壳体压紧在平台上,保证密封效果,如图 6-31 所示。采用这种试验方式时,壳体上方有刚性平板的支持,实际并未能对壳体的强度进行考核,对试验结果的可靠性起到了干扰作用。在实际检验的过程中,也数次有企业的样品在工厂进行水压试验时合格,但是进行动压试验时外壳损坏的情况,经过与这些企业沟通了解,他们均采用了上述结构的水压试验装置进行考核,造成了水压试验结果不可靠。

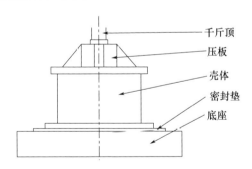

图 6-31　压板顶住隔壁外壳

对于一些有多个相邻隔爆腔体的外壳,为了节省成本,企业往往选择通腔进行试验,但是这种试验方法有时不能考核到有焊缝在内部的外壳上的所有焊缝。如图 6-32 所示,在这种结构中,如果通腔进行水压试验,主腔与接线腔之间的焊缝就都在同一个腔体中,无法受到压力考核,考核无法检验出外壳上存在的加工缺陷。当在现场使用时,如果一个腔体内部发生爆炸,火焰将沿着外壳腔体之间的缺陷传播到另一个腔体,造成压力重叠,产生过大的爆炸压力,导致外壳损坏,引起环境爆炸。因此对这种结构的隔爆外壳,应当分腔进行水压试验考核。只有如图 6-33 所示的结构,隔爆外壳的所有焊缝都在外侧,即使通腔,也能考核到所有的焊缝,才可采用通腔进行水压试验。

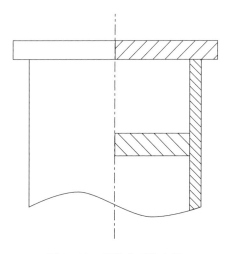

图 6-32 焊缝在壳体内侧

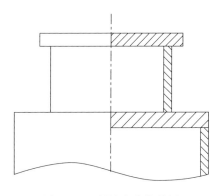

图 6-33 焊缝在壳体外侧

安全问题往往容易被忽视,几乎所有的企业在进行水压试验时,都没有做必要的安全防护措施。由于水压试验时,必须使用很高的静态压力来考核隔爆壳体的耐压强度,如果外壳存在加工缺陷,在施压过程中,会由于承受不了压力而损坏,很可能有外壳碎片高速飞射,造成意外伤害;紧固螺栓由于会重复使用,可能因疲劳而断裂,堵塞孔洞的密封工艺装备,还可能老化磨损,从孔洞飞出,这些都会造成对试验人员的伤害。因此,从安全考虑,水压试验装置应当加设有效的防护,例如用挡板将被试样品包围,以保护试验人员的安全,但这种防护挡板不应采用有机玻璃等易碎的材料制造,以免其受冲击而碎裂后,自身也成为危险源,而应当采用金属板或小孔的不锈钢网罩。紧固螺栓应选用高强度的类型,并且每次试验前后应进行检查,如有疲劳、拉长情况,应立即更换同种规格、同种强度的紧固件。密封工艺装备应定期检查,如有老化、磨损严重的,应立即报废,更换完好的密封工艺装备。

另外,水压试验时需要频繁地注水、排水、搬运样品,因此试验场地一般都比较恶劣,往往无专门的排水、废水收集措施,场地容易积水,而水压泵、管路经常由于老化产生泄漏,试验设备上会有漏水,如果此时试验装置的电气设备上发生绝缘损坏,就可能出现漏电,造成试验人员的触电伤害事故。因此,试验场地应有专门的排水措施,避免地面有积水,试验人员也应穿着绝缘防护鞋,防止产生触电事故。试验装置上的电气设备应定期进行安全检查,如有绝缘损坏、电缆老化等情况,应立即更换受损件,防止漏电事故。

隔爆外壳的静压试验虽然简单,但是如上文所述,在实际过程中,还是存在很多不安全、不合理的情况,并且由于耐压试验结果直接决定了隔爆外壳的安全性能,如果不能很好地考核,隔爆外壳的安全性能就无法保证。同时由于试验时使用了很高的压力,如果试验场地环境恶劣,处置不当,就很容易造成人身伤害事故。因此企业应当重视水压试验装置,采取足够的安全防护措施,使用合理设计的工艺装备,加强试验场地的管理,有效监控试验用紧固件、密封工艺装备,才能保障试验的安全,保证隔爆外壳的安全性能。

本章思考题

1. 仅考虑金属外壳的隔爆外壳,需要进行哪些主要的测试项目?
2. 橡胶密封圈结构的电缆引入装置,需要进行哪些测试项目?其试验顺序如何?
3. 透明件的热剧变试验的温度如何确定?
4. 隔爆外壳的水压试验压力如何确定,在试验时如何保证壳体强度能充分考核到,所有焊缝都被考核到?
5. 简单介绍常见的平面隔爆接合面的形式。

第7章 常见隔爆设备设计实例

在爆炸危险场所大量地使用了各类隔爆电气设备,虽然其种类繁多,但是按照实际用途归纳起来主要有以下几种:电能传输类设备,典型的如各种变压器或移动变电站,将干线上的电压转换成现场设备使用的电压;控制类设备,包括各类功能不同的启动器、断路器、变频器,控制用电设备的工作状态;用电设备,包括各种电机、加热器、灯具等,使用电能为现场提供动力、热量、照明等,使得现场各类设备设施能够工作;仪器仪表类设备,对现场的温度、压力、流量进行监测,由于此类设备大多采用本质安全型电路,即使有采用隔爆外壳进行保护的,其结构也比较简单,本章将不作讨论。

7.1 开关类隔爆外壳设计

在爆炸危险环境中,大量的电气设备需要用各类启动器、断路器等控制其启停,这类控制设备通常都归为开关类设备,由于这些开关在控制电路通断的过程中,必然会产生电气火花或电弧,如果不采取措施,就会引起环境的爆炸。由于存在这些火花或电弧,并且其能量通常都比较大,因此一般都采用隔爆外壳进行保护。

作为最常见的隔爆电气设备,几乎所有的防爆电气设备制造企业都生产隔爆开关产品,但是经常有制造单位不能合理地设计此类产品,做到既安全可靠又经济。因此,本节将简单介绍开关类隔爆外壳设计方法。

7.1.1 主体结构设计

以结构复杂的煤矿用开关类电气设备为例,其典型电路如图7-1所示,主要由这样几个部分组成:控制电路通断的断路器、真空接触器、辅助控制电路、控制按钮、显示器、信号反馈与输出电路,由于电路的电流、功率都比较大,因此这类设备通常都需要设置单独的接线空腔,而不能采用直接进线的结构,电气腔与接线腔之间需要用接线端子或过线组实现电路的导通。

第7章
常见隔爆设备设计实例

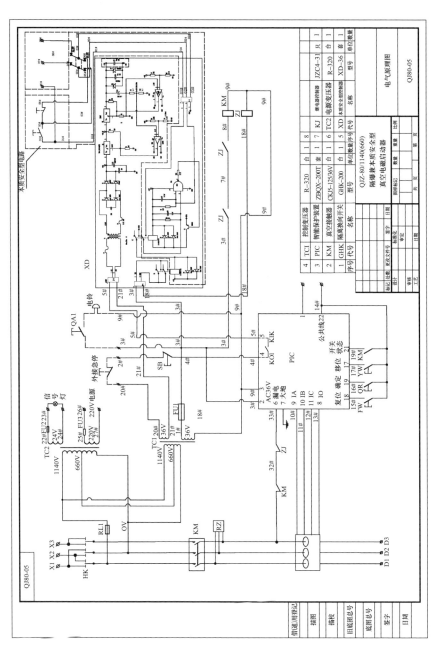

图 7-1 启动器电气原理

在设计开关时,首先需要根据电路的功能需求,明确电路参数和各类功能要求,最终确定电气芯体的外观尺寸、安装方式、操作要求、显示要求、电气连接数量与规格,然后根据这些信息,确定外壳内部空间大小、芯体安装方式、安装位置,外壳上按钮、转轴的数量和位置,门盖上观察窗的位置和规格、按钮、旋钮等附件,接线空腔内绝缘端子、电缆引入装置的数量与规格。确定了这些信息后,就可以开始详细的壳体结构强度计算及附件的设计与选型。

7.1.2 开盖方式设计

设计外壳电气主腔的开盖方式时,应当结合电气部件的特点及壳体大小合理选择,如果电气部件可靠性高、无须频繁更换部件或更改参数,就优先采用可靠性更高的螺栓紧固方式,当电气部件需要频繁开盖进行调试或更换部件的,则可采用方便的快开门结构,避免频繁开关盖过程中由于疏忽造成安装不到位而留下安全隐患。

常见的开关隔爆外壳有以下几种:

(1)矿用启动器最常用的圆壳,如图7-2所示。这种外壳主体为一个圆筒形的腔,盖板及筒体封板均为半球形,端盖与壳体采用快开门结构。这种壳体结构的优点是受力结构好,可以将外壳做得尽量轻巧,便于在不同的工作地点之间运输;但缺点是法兰间隙无法调节,后期使用过程中维护、维修不到位容易造成隔爆结构失效;当壳体较大时,法兰加工要求高,不容易保证隔爆接合面间隙。一般小型的开关类电气设备采用这类结构。

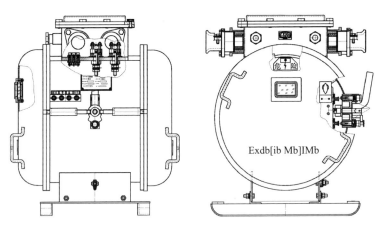

图7-2 圆形隔爆外壳

(2)方形外壳的使用也很普遍。如图7-3所示,这种外壳主体为一个长方体的腔,门盖为方形,采用快开门或螺栓紧固的方式固定。这种壳体结构的优点是加工方便,当采用快开门结构时,卡扣能够调节松紧程度,便于控制隔爆接合面间隙,容积容易加大,电流较大的开关类设备均采用这种结构。其缺点是受力结构不如圆筒形合理,需要更厚的壁厚,设备体积、重量均比较大。一般较大规格的开关采用这种结构。

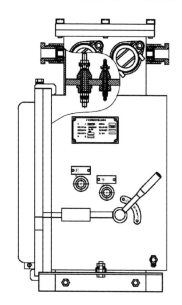
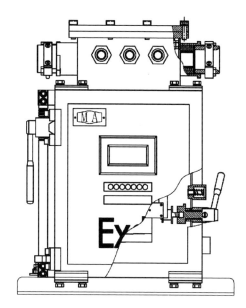

图 7 - 3　方形外壳

7.1.3　接线方式设计

在确定主体结构形式后,就可以继续设计接线空腔及内部绝缘套管。主腔与接线空腔之间的电气连接通过绝缘套管或过线组实现,当有较大电流时,应当用与电流通过能力相匹配的绝缘套管,并且注意保持接线空腔内的电气间隙与爬电距离符合标准要求,尤其是与接线空腔壁和接线盖板的距离。当有比较多的小电流电路(例如控制回路)时,可以采用多芯接线端子或者多芯过线组进行电气连接,当采用过线组时,要注意过线组出线与引出电缆应当设置在接线腔内的接线排上进行接线,并保持相应的电气间隙、爬电距离,导线之间不得直接缠绕连接。接线空腔应有足够的内部容积,以便导线连接并防止短路或电气间隙不够。金属材料制作的接线空腔内部还应涂敷耐弧漆,防止导电部件之间放电。

开关的电路引入、引出需要用防爆的电缆引入装置或者插销连接器实现,引入装置的规格应当与电缆直径相匹配,并且数量应当满足使用的需要。当引入装置内不通过电缆时,应当有可靠的封堵措施将其封堵,以保证防爆安全性能。如果开关时用于需要频繁搬运的用途,例如矿用硫化机控制箱,需要经常将电缆拆下,把设备转移到使用现场,这类设备可以采用拆装方便的防爆插销连接器实现电路连接,减少频繁拆卸的工作量,并且能有效防止频繁拆装过程中电缆引入装置的磨损及安装疏忽引起的防爆结构失效。需要注意的是,如果安装在隔爆外壳上防爆插销连接器是连接本质安全型电路的,该插销连接器同样需要符合隔爆外壳的要求,而不仅是本质安全的要求,以保持隔爆外壳防爆性能的完整性,并且还应当能防止与非本质安全电路的混用。

其余附件,如观察窗、按钮、转轴等,可以根据产品的需要,参照之前的章节进行设计。在设计时,需要保持隔爆外壳的完整性,以及受力性能,不要在外壳容易产生应力集中处或者焊缝接合处设置这类小附件。

非煤矿环境的开关类电气设备的隔爆外壳,也同样可以参照本书进行设计,由于标准上Ⅱ类隔爆外壳采用轻金属外壳限制更少,很多Ⅱ类控制器、启动器等都采用了铝合金制造隔爆外壳,在这种情况下,要注意外壳的防腐蚀,并且有足够的安全裕量,从而即使在使用过程中,外壳由于被腐蚀而变薄时,也不会降低防爆性能。

当采用非金属材料制造隔爆外壳时,需要确保非金属外壳本身不会由于静电积聚产生点燃危险。

总之,开关类电气设备作为爆炸危险场所使用最多的设备,外壳的结构、材料多种多样,在设计时,应当严格依据防爆标准要求,在确保安全的前提下,合理设计,既安全可靠,又结构合理、使用便捷。

7.2 变频器隔爆外壳设计

随着对电机使用要求的提高以及变频器技术的发展,在工业场所甚至部分爆炸危险场所,越来越多地使用变频器取代普通启动器控制电机。与启动器相比,变频器具有启动性能好、调节电机转速方便、节能等优点。但是变频器也不是完美无缺,其突出的问题是,IGBT模块发热量大,尤其是大功率的变频器,如果不采取额外的散热措施,电气元件将很快损坏。因此,变频器的隔爆外壳在设计时除要像开关类隔爆外壳一样考虑外,还应格外注意散热措施。散热的效果可以通过各类仿真软件进行量化计算,本书将不讨论相关内容,着重从防爆安全的角度介绍散热结构的设计。

目前,变频器常用的散热措施主要有自然散热、热管散热、加强通风、液体冷却这样几种,虽然普通变频器上已经大量使用这些散热措施,并且技术成熟,但是在隔爆产品上使用这些散热措施,还是容易产生问题。接下来,本书将逐一分析。

自然散热是最简单的散热措施,通常直接将发热量大的 IGBT 模块安装固定在外壳内部,利用金属外壳自身的热传导将元器件产生的热量传递到环境中,有时为了加强散热效果,还会在外壳外部设计一些如图 7-4 所示的散热鳍片,这种措施优点是结构简单,无噪声,运行可靠,不容易出现故障。但是散热效果一般,一般只用于小功率的产品。这类产品在外壳设计过程中,应当注意外壳材质的选择,尤其是散热基板的材质,有些制作商为了加强散热效果,会采用铝合金制作散热基板,当其与钢质的外壳法兰接触时,会由于电化学反应加速材料的腐蚀,因此应当注意采取必要的防腐蚀措施,例如在铝和钢之间垫一层铜片。另外,煤矿用产品通常都严格限制铝合金制造隔爆外壳,当需要采用额外的散热基板加强散热效果时,可以采用铜质材料作为基板,而不应使用铝。为了节约成本,可以用铝合金材料制造散热鳍片,但是如果用于对铝合金材料有限制的场所时,应当遵循相应的要求,必要时应当采取额外的保护措施,例如不锈钢的网罩,将铝合金部件保护起来,防止其受到冲击、碰撞、摩擦等而产生机械火花,引燃环境中的爆炸性气体。这类散热结构在使用时,应当避免煤尘、粉尘、油污等在散热器件上积聚,以免影响散热效果。

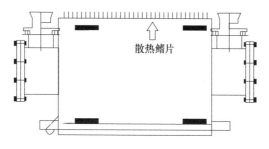

图 7-4 散热鳍片结构示意图

热管散热目前也大量使用,如图 7-5 所示,这种结构是在散热基板上敷设中空密封的热管,热管内部有传递热量的工作介质,工作介质可以在气态和液态两相之间转换,液态时吸收功率模块产生的热量变成气态,气体在散热区将吸收的热量传导到空气中后,又变成液态流回吸热区。热管散热的隔爆结构与普通的散热板式结构并无区别,只是薄弱的热管不能承受外力冲击,因此,需要加强对散热片的防护,避免损坏。

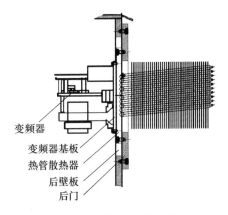

图7-5 热管散热器示意图

如果仅靠散热器自身的热交换无法快速地将电气部件产生的热量带走,还需要在散热片附近设置如图7-6所示的风扇,采取强制通风的措施,加速热量传导的速度。风扇及其电机应当选用与变频器本身防爆型式相适应的防爆型式、温度组别,并且注意其设计的使用环境是否满足实际使用要求。在安装时,应当注意风扇的内部接地、外部接地,安装地脚可靠并有防松动措施,防止在使用过程中,风扇由于振动而松脱,造成意外的碰擦产生机械火花。这种结构在

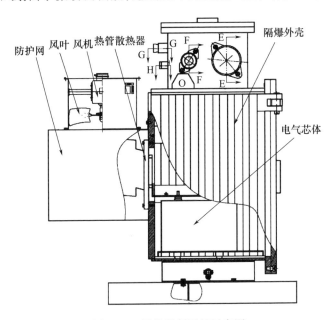

图7-6 风机强制通风示意图

运行时会产生噪声,并且会排放换热后的热气流,如果排风口位置设置不合理,除了无法有效散热外,还有可能将环境中的煤尘扬起,造成额外风险;风机的进风口也应采取必要的防护、防尘措施,防止外部异物掉入风扇以及煤尘在风机上积聚。

由于目前大功率的高压变频器也逐渐使用在爆炸危险场所内,传统的散热方式已经无法满足其散热要求,必须采用散热效果更好的液冷散热,散热介质基本都为水,目前主要有两种液冷方式:水夹板散热、双循环散热。

水夹板散热器的结构与普通散热器类似,在钢制的散热板上铣出水流管路,水的进出口都设置在隔爆外壳的外部,不会形成穿透隔爆外壳的通道。这种散热结构简单、可靠,在使用时,需要按设计要求提供规定压力、流量的冷却水,以保证冷却效果,还可对循环水施加额外的散热措施,增强散热效果。但是如果发热元件的位置不在外侧,将无法使用。

如果发热元件不靠外侧,无法直接通过外壳上的散热部件进行散热,就只能采取结构复杂的双循环液冷方式进行散热。这种散热结构分成内、外两个循环系统,内循环系统的冷却管路封闭,不与外部连通,采取去离子水作为工作介质,从发热元件吸收的热量,通过外壳内部的热交换部件将热量传导给外循环水。这种散热结构,需要将冷却水通过穿透隔爆外壳壁的管路引入外壳内部,管路与外壳之间、管路与管路之间、管路与热交换器之间都会有接头,形成火焰通道,这些接合部位都需要按隔爆接合面的要求设计。并且冷却水管路也构成了隔爆外壳的一部分,需要符合隔爆外壳对材质、强度的要求,而不能采用普通设备用的橡胶软管,应当采用无缝钢管或者类似结构,并且应当能防止水管内无水时,外壳内部与外部连通。

水冷散热的结构比普通散热器复杂,需要专门的冷却水管、水泵、水散热器等,体积大,且对供水有较高的要求,水质太差会影响散热效果,甚至造成管路堵塞,而且需要监测供水的压力和流量,保证足够的散热效果,因此使用成本高,对维护的要求也高。

总体而言,变频器的隔爆结构总体与开关类产品类似,但是在设计其散热部件时,应当根据实际的散热需求,合理选择散热方式,以满足产品安全、可靠运行的需求。

7.3 变压器隔爆外壳设计

变压器具有结构简单,运行可靠的特点,由于其电气元件只有铁芯及绕在上面的电磁线,再无其他元器件,不需要频繁调整参数、更换易损元件,因此在设计外壳时无须考虑经常打开门盖的需要,也无须设置观察窗、按钮等部件。但是出于导体电阻热效应、铁耗等原因,变压器在工作过程中会产生大量的热量,因此,变压器的外壳结构要有利于散热,但是变压器的体积通常都比较大,外壳需要采用更厚的材料,这又会造成散热不良,因此,变压器隔爆外壳的设计也需要进行专门的优化。

由于地面爆炸危险场所的变电设备可以安装在非爆炸危险区域,无须采用防爆结构,因此隔爆变压器或干式变压器通常只在煤矿井下使用,本节将以矿用隔爆型干式变压器或移动变电站为例进行探讨。

目前常用的矿用隔爆型干式变压器容量范围在 $100 \sim 4000 kV \cdot A$,一次电压 6kV 或 10kV,二次电压 $380 \sim 3300V$,目前也有更大容量的产品,如 $5600 kV \cdot A$ 容量,但结构基本一致。

矿用隔爆型干式变压器主要有 3 种结构:波纹管侧开盖式、波纹管上开盖式、筒式侧开盖。下文将依次对这 3 种结构的特点及设计要点进行探讨。

首先是最常见的波纹管侧开盖式。如图 7-7 所示,这种结构采用两端开盖的方式,两端用带法兰的端盖,接线腔焊接在端盖上,以便和高低压开关的法兰装配成移动变电站,箱体侧面采用钢板压制成波纹形状,增加散热面积及结构强度。这种结构的特点是盖板法兰较小,加工容易,但是由于需要从两端将变压器芯体移入箱体内,如果芯体超过一定规格,无论是体积还是重量都会比较大,不能方便地安装,因此这种结构一般用于 $630 kV \cdot A$ 及以下规格的变压器。

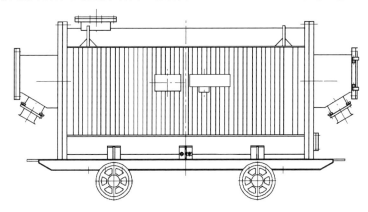

图 7-7 波纹管侧开盖式结构示意图

当变压器规格超过 $800 kV \cdot A$ 时,通常采用图 7-8 所示的波纹管上开盖式的结构。这种结构主体部分的波纹管和侧开盖式的类似,但是法兰设置在上部,方便大型的变压器芯体采用上方吊装的方式放入箱体内。这种结构的特点是法兰开口大,方便芯体安装,但加工难度大,需要大型的加工设备,并且要严格控制法兰及壳体的变形。

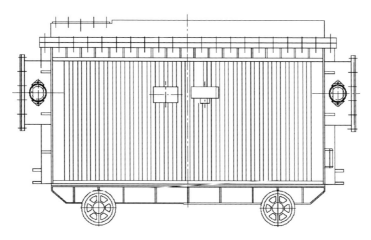

图7-8 波纹管上开盖式结构示意图

随着加工技术及材料工程的发展,目前也出现了一种圆筒形的变压器,如图7-9所示,这种变压器的主体部分是一个压成波纹管状的圆筒,这种结构与波纹管侧开盖式类似,但是主体部分全部都是波纹管结构,体积小,重量轻,方便在井下运输,而且散热效果也好。但这种结构的缺点是由于需要整体压制波纹管,外壳壁厚较薄,抗外部冲击能力较弱,且波纹管压制难度大,需要专门的材料和加工设备。

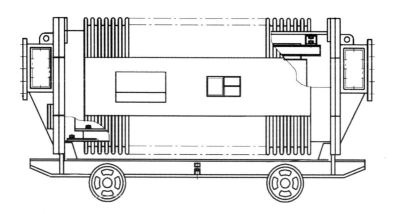

图7-9 整体波纹管侧开盖式结构示意图

隔爆型变压器外壳的结构相对于开关类产品比较复杂,其主要设计难点有两个:隔爆面法兰很大、壳体形状复杂。因此,本节将分别对这两个问题进行简单的探讨。

由于变压器芯体普遍较大,并且无法拆成几个小的部分,因此只能整体从法兰处装入壳体内,这就需要壳体法兰足够大,导致了法兰的设计、加工难度大大上升。在设计时,法兰要有足够的刚性,防止内部产生爆炸时弯曲变形,还要充分考虑壳体焊接应力的影响,防止壳体焊接时应力消除不到位造成法兰变形。但是如果一味地增加法兰厚度,效果也不明显,因此,通常都采用设置加强肋的方式增加法兰的刚性。对于侧开盖式的壳体,由于法兰尺寸相对不是特别大,可以增加连接法兰的筒体部分的厚度,形成加强效果,避免变形。而对上下开盖的壳体,需要如图 7-10 所示,在法兰和壳体连接处设置许多加强肋板,将法兰背面与壳体固定在一起,增加法兰刚性。同时,上盖板上也可将散热板延伸到法兰处,兼做加强肋板。

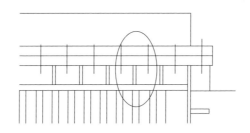

图 7-10 法兰加强肋板结构示意图

变压器的壳体为了保证散热效果及减轻产品重量,通常都将壳体侧面加工成波纹管,甚至整体加工成波纹管。这种结构抵抗横向压力的性能很强,能够承受内部压力而不发生变形,但是抵抗纵向压力的能力差,如果加强措施不够,外壳在受到内部压力时会拉伸变长,甚至发生撕裂损坏。因此,对于不同的外壳,需要采取相应的加强措施,增强壳体纵向抗压能力。体积较小的侧开盖式壳体,由于上下均为整体钢板结构,可起到固定壳体的作用,因此基本能够抵抗内部压力,只需在侧面沿着壳体长轴方向焊接连接板,即可保证外壳强度;壳体大的上下开盖式壳体,有时简单地增加连接板并不能完全避免波纹管结构的变形,此时可以将波纹管分成上、下两部分,中间设置隔板,减小波纹管的长度,增加其刚性;对整体波纹管结构的壳体,由于其长轴方向缺少整体钢板,只能通过在其壳体侧面均匀设置多个连接板,如图 7-11 所示,同时为了增加其抗冲击强度,壳体外部的连接板因设置在容易受冲击的部位,且加大宽度,既增加了壳体刚性,又起到了防护作用。

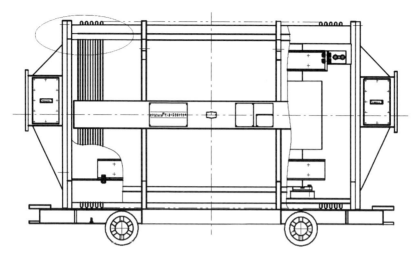

图 7-11　整体波纹管加强结构示意图

在制造时,常规的侧面波纹管结构加工比较简单,普通的压力机即可满足生产要求,但需要注意的是,波纹管与壳体钢板焊接的焊缝很多,并且形状复杂,如果焊接时不注意,会造成漏焊,因此在壳体加工完成后,必须全面检查所有焊缝,也可通过水压试验进行检验,在检验时,应当有足够的时间检查到每个焊缝,不应有遗漏,防止焊缝缺陷造成隔爆结构失效。

在制造整体波纹管结构的壳体时,需要由于钢材被拉伸的变形程度远大于普通波纹管,因此应当采用拉伸性能好的材料,在拉伸时控制拉伸的速度和变形量,防止拉伸过快造成壳体撕裂或者变薄,尤其是波纹管的圆角处,应当在加工后及时检查剩余厚度。另外,焊接的工艺也应严格控制,为了避免焊接后材料、焊缝的韧性不足,应当采取有效的退火措施,增加焊接部位的韧性和拉伸性能,防止在加工时撕裂。

隔爆型变压器的壳体相比普通隔爆外壳体积大、结构复杂、加工难度大,设计和制造单位应当充分考虑各种结构的应力、变形等,严格控制加工的工艺和质量,必要时还应采用有限元分析技术进行精确的计算与分析,避免产品有结构隐患,造成爆炸危险。

7.4　隔爆电机设计

在工业现场,大量使用了各类动力源,其中电力驱动的电动机与液压、气动等其他动力源相比,具有布线方便、安装要求低、使用维护成本低的特点,在现场应用最多。但是在爆炸危险场所,电动机就成为了非常危险的点燃源,需要对其进行必要的防爆安全设计,以保证其在现场的安全使用。由于电动机的功率普遍较大,且有高速运动部件,无法设计成本质安全型或浇封型结构,而增安型、n 型对配套的保护装置要求高,且使用场所受限,目前在爆炸危险场所较多地使用隔爆外壳保护的电动机。

本章以目前最常见的三相异步电动机为例,对隔爆型电动机的设计进行探讨。

隔爆型电动机主要由以下几个部分组成:带有定子线圈的机座、带有转轴的转子、带有轴承的端盖、接线盒。电动机采用电作为能源,而电气火花是非常有效的点燃源,因此应当将电路中各带电部件设置在隔爆外壳内部;电动机在将电能转换为机械能的同时,由于电磁感应、电阻效应,定子线圈会产生大量的热量,高速旋转的转轴也会使轴承温度迅速上升,如果不能采取有效应对措施,将会使爆炸性物质爆炸;电动机在工作时带动散热风扇高速旋转,如果有外来异物与风扇碰撞或摩擦,引起的机械火花也会引起点燃。因此,接下来将依次对各个部分的设计进行分析。

7.4.1 外壳材质

首先是隔爆外壳的材质。由于电动机的隔爆外壳直接暴露在外部,并且对设备的防爆安全性能起直接作用,所以外壳本身既要具有足够的强度,能够承受外部的冲击和内部的爆炸压力,又不能成为点燃源本身,例如由于碰撞产生的机械火花或静电积聚产生的放电。在材料的选择上,中小型电机为了降低制造成本,通常采用铸铁,在 GB/T 3836.2—2021 的 12.4 中规定,材料等级应不低于 150 级(ISO 185),而对于用于煤矿井下的 I 类电机,还应当参照 GB/T 3836.2—2021 附录 I 中的规定,用于煤矿井下采掘工作面的电机机座须采用钢板或铸钢制成,其余部件,如端盖、接线盒等可以采用 HT250 灰铸铁制成。

如果电机采用外风扇加强散热,风扇应当由风扇罩保护,防止碰撞和摩擦,这些部件还应符合 GB/T 3836.1—2021 中第 17 章的规定。风扇的进风端、出风端防护等级至少应分别为 IP20、IP10,防止异物进入通风孔。通风系统还应考虑设计公差,外风扇、风扇罩、通风孔挡板和它们的紧固件之间的距离应至少为风扇最大直径的 1/100,但不必大于 5mm。在任何情况下,该间距不应小于 1mm。如果为控制尺寸的同心度和尺寸的稳定性,对有关零件机械加工后,间隙可减少至 1mm。旋转电机用外风扇、风扇罩和通风孔挡板的绝缘电阻不应超过 1GΩ，但风扇旋转线速度小于 50m/s 的 Ⅱ 类旋转电机除外。如果制造商给出的非金属材料的 TI 值超过运行中（在额定范围内）材料承受的最高温度至少 20K，则认为该非金属材料的热稳定性符合要求。旋转电机用含轻金属制造的外风扇、风扇罩、通风孔挡板应符合 GB/T 3836.1—2021 中第 8 章的规定。由于杂散磁场可引起大电流在大型旋转电机外壳内流动，尤其是在电动机启动时。避免这些电流电路间歇性中断产生火花尤为重要。根据电动机的结构和额定值，制造商应规定通过外壳接合面与转轴轴线对称安装的等电位连结导线的横截面积和结构。等电位连结应按照 GB/T 3836.1—2021 中 6.4 的要求安装。

7.4.2 隔爆接合面设计

由于采用隔爆外壳作为防爆措施，机座、端盖、转轴等各个部件之间的配合部位需要按照隔爆接合面进行设计。机座与端盖、机座与接线盒、接线盒各零部件之间的隔爆接合面都很简单，均为最简单的圆筒形（机座与端盖、接线盒座与盖）、平面（机座与接线盒）、螺纹（接线盒与接线端子）接合面，设计时，只需按防爆标准规定的尺寸进行设计即可。电机在工作时高速旋转，轴承处可能会有较高的温度，同时还应保持适当的间隙，因此 GB/T 3836.2—2021 中对此结构有专门要求。

7.4.3 轴承结构设计

轴承在工作过程中可能会产生较高的温度，有可能会点燃环境中的爆炸性物质，因此在设计时应当考虑这一因素，并采取适当的防爆措施。在小型电机上，通常将轴承安装在端盖内部，如图 7-12 所示，避免轴承在工作过程中产生的高温或故障时的摩擦、碰撞成为点燃源。大型电机上，由于其尺寸较大，如果还是采用这种结构，加工、安装均不方便，因此大型电机的轴承一般采用轴承内盖固定的方式，如图 7-13 所示，轴承过盈安装在轴上，内侧的轴承内盖可以在轴上转动及做少量的轴向移动，外侧用螺栓将内盖固定在端盖上，以达到固定各部件的目的。这种结构中，轴承内盖与轴处有圆筒形隔爆接合面，其最小距离和最大间隙依据 GB/T 3836.2—2021 的表 1、表 2 中旋转电机转轴接合面进行设计，同时还应满足 GB/T 3836.2—2021 第 8 章中规定的 k、m 的要求。轴承内盖与端盖配合处可以采用多种方式，接合面参数应当满足隔爆接合面的要求。

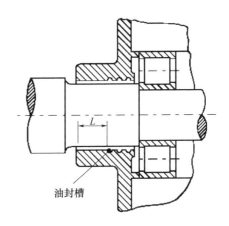

图 7-12 无轴承内盖的轴承结构示意图

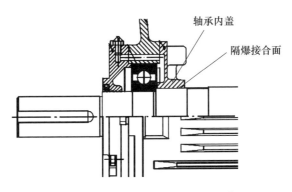

图 7-13 有轴承内盖的轴承结构示意图

当轴承可能会出现高温时,应当对其采取有效的措施,避免其成为点燃源,通常使用温度传感器监测其温度,如果温度超过设定值,应在保证安全的前提下停止电机工作。由于温度传感器安装在隔爆外壳外部且需要接入电路,测温装置均需要符合防爆的要求,例如采用隔爆外壳保护或者设计成本质安全型电路。

7.4.4 散热结构

电机在工作过程中会产生较大的热量,散热也是设计的重点,目前已经有成熟的设计方法、解决方案,本节不就散热设计进行探讨,仅简单介绍常用的机座结构。当电机较小时,例如机座号小于 355 的电机,采用常规的机座散热鳍片加后端外风扇即可,结构简单、加工方便,能降低成本。当电机较大时,还需采用其他更加高效的散热方式,如在机座上设置热交换管路,提高散热效果;如果是特殊电机,例如采煤机的截割电机,功率大、体积小,无法采用被动换热的方式进行散热,就需要采用液冷散热,在机座上设置冷却水夹层,用冷却水快速带走电机产生的热量,保证电机在适宜的温度下工作。图 7-14~图 7-17 所示为各种散热结构的电机外观。

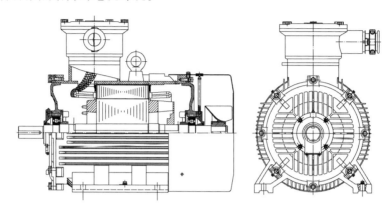

图 7-14 带散热鳍片结构电机

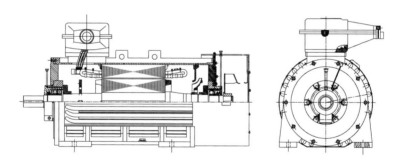

图 7-15 带散热管结构电机

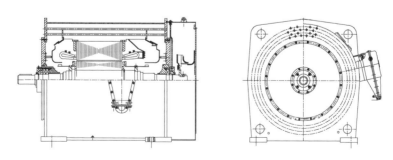

图 7-16 带换热器结构电机

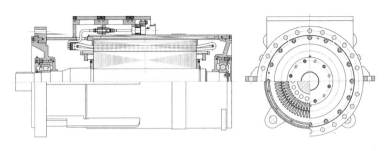

图 7-17　带水冷结构电机

由于目前隔爆型电机设计已经相当成熟,且隔爆型电机与非防爆电机的内部结构差别不明显,电机制造商可依据防爆标准及产品使用要求,方便地进行防爆设计,在保证安全的前提下,选择适合产品的防爆结构。

目前由隔爆外壳保护的电气设备虽然种类繁多,但是其结构基本包含在前面介绍的几大类中,其他产品,例如照明灯具、仪器类,体积小、结构简单,可结合产品具体结构,根据防爆电气设备相关标准,合理地设计,以安全、可靠、经济、实用为目的,切实保证产品在爆炸危险场所的安全使用。

本章思考题

1. 开关类产品隔爆外壳主要有哪几部分?
2. 开关各腔体常见的紧固方式有哪些?快开门结构的门盖,设计时应如何考虑?
3. 变频器在设计时需要注意哪些问题?常见的冷却方式有哪些?
4. 变压器外壳主要有哪几种形式?在设计时,需要重点关注哪些问题?
5. 隔爆电机主要有哪几个部件?各部件之间如何配合?
6. 隔爆电机散热有哪几种形式?
7. 隔爆电机的轴承处,隔爆接合面有哪几种常见的设计?

第8章 隔爆电气产品安装、检查、维护与修理

隔爆型电气设备虽然其本身具有较高的安全性能,但是需要正确的安装、维护、检修等才能保证其安全、可靠地运行而不成为点燃源。本章将从安装、维护、检修等方面出发探讨隔爆电气产品的使用要求。

8.1 隔爆电气设备的安装

使用单位需要根据爆炸性环境中危险物质的点燃特性,包括防爆级别、温度组别,以及场所的防爆区域划分结果及现场的特殊使用要求,例如防腐蚀、防潮等环境适用性的要求,合理选择隔爆电气设备的防爆型式,并按设备的结构要求正确安装。

8.1.1 一般规定

隔爆电气设备的类型、级别、组别、设备保护级别、环境条件以及特殊标志等,应适合环境中爆炸危险物质及区域划分情况。例如,如果现场爆炸危险物质属于ⅡB等级和T4温度组别,选用的设备应当为ⅡB或ⅡC级别,温度组别应当为T4~T6;另外,隔爆电气设备的设备保护级别通常为Gb,只能用于气体环境的1区或2区。

防爆电气设备的铭牌、防爆标志、警告牌应正确、清晰,以便使用、维护、检查等相关人员正确确认设备的信息。

防爆电气设备的外壳和透光部分应无裂纹、损伤,如果外壳或外壳的相关零部件受损影响防爆性能,应立即停用并进行修理工作,不得带故障运行,防止设备内部产生电气火花或高温时,隔爆外壳失效导致环境中爆炸性物质被点燃。

防爆电气设备的紧固螺栓应有防松措施,不应有松动和锈蚀,也不应漏装。如果紧固螺栓松动、锈蚀或缺失,将无法保证隔爆接合面的间隙或盖板安装的可靠性,内部产生爆炸时,火焰将会从变大的接合面中传播出来点燃环境中爆

炸性物质,或者爆炸压力将盖板顶开,使得火焰逸出。

防爆电气设备宜安装在金属制作的支架上,支架应牢固,有振动的电气设备的固定螺栓应有防松装置,防止在使用过程中,设备松动甚至跌落损坏。

防爆电气设备接线盒内部接线紧固后,裸露带电部分之间及金属外壳之间的电气间隙和爬电距离应满足防爆标准的要求。

电气设备多余的电缆引入口应用适合于相关防爆型式的封堵件进行堵封,封堵件应使用专用工具才能拆卸。电气设备的电缆和导管连接应符合有关防爆型式的要求。密封圈和压紧元件之间应有一个金属垫圈,压紧元件应满足产品说明书的要求,并应保证使密封圈压紧电缆或导线。电缆外护套外径与密封圈内径的配合应适宜并满足产品说明书的要求,密封圈不应有老化现象。如果电缆引入装置封堵或安装不符合要求,将会使外壳的隔爆性能丧失,内部的爆炸火焰会从此处传播出来,或者无法夹紧电缆,导致电缆头在受外力作用时脱落,造成电气线路之间或线路与外壳之间短路打火,形成点燃源。

8.1.2 隔爆型"d"的附加要求

安装设备时,应注意防止隔爆接合面与固体障碍物之间的距离小于表8-1规定的数值,试验证明隔离距离可以更小的情况除外。如果接合面周围固体障碍物过近,甚至紧贴外壳,例如安装在户外的操作柱,安装单位经常为了防止雨水进入外壳而增加防护罩,当内部产生爆炸时,由于障碍物存在,爆炸压力无法及时释放而在外壳内部形成过高压力损坏外壳。

表8-1 按照气体/蒸气分组的隔爆外壳接合面与障碍物间最小距离

气体分类	最小距离/mm
ⅡA	10
ⅡB	30
ⅡC	40

隔爆型电气设备隔爆面应有防腐措施。应防止水进入接合间隙,尤其是用于户外的设备,应当选用具有足够防水性能的产品,如果采用防护罩进行防护,应注意防护罩与隔爆接合面的距离。衬垫仅在文件规定允许时方可使用,通常平面隔爆接合面上不得擅自增加平衬垫。安装时应防止损伤隔爆面,防止工具磕碰,拆卸下来的盖板等不应直接放置在地上,一般应放置在衬垫上,或隔爆面向上放置。

应当选择适用的接合面保护措施,可使用非凝结性润滑脂或防腐剂。通常使用硅润滑脂比较合适,但在气体检测器上应慎用,特别应强调在选择材料时要保证其非凝固性,否则会影响接合面间的紧密性。

隔爆接合面的紧固螺栓不得任意更换,弹簧垫圈应齐全。应当选用原厂的或者制造商规定的规格,包括长度、性能等级等,防止紧固效果不满足设计要求。

隔爆型电机的轴与轴孔、风扇与端罩之间,在正常工作状态下,不应产生碰擦。在安装后,应旋转检查有无碰擦。

电缆和导管引入系统须满足有关的设备标准要求,并保证隔爆外壳的整体防爆性能。电缆引入系统应符合 GB/T 3836.15 中 10.4 的要求。导管与隔爆外壳至少啮合 5 扣。

电缆和导管引入系统应符合相关要求;电气设备的电缆或导线引入口需用钢管连接时,宜用一个过渡压紧元件,先压紧密封圈后才可连接钢管,钢管连接有困难可增加活接头。

8.1.3 灯具的安装要求

灯具的安装,应符合下列要求:

(1)灯具的种类、型号和功率,应符合设计和产品技术条件的要求,用户不得擅自更改,防止灯具超出额定功率,引起表面温度过高造成点燃危险;

(2)螺旋式灯泡应旋紧,接触良好,不得松动;

(3)灯具外罩应齐全,螺栓应紧固;

(4)灯具安装方向应符合设计和产品技术条件的要求,某些灯具的温升与安装方向密切相关,不正确的安装方向会造成散热不利而导致温升过高。

防爆合格证书编号后缀有"U"符号的产品属于防爆元件,应当与其他电气设备或系统一起使用,还应先行进行附加认证方可安装使用,不得单独使用。

电气设备防爆合格证书编号带有后缀"X"符号时,应注意其安全使用的特定条件,安装前应当查看防爆合格证书上的说明事项以及说明书中的相关信息,确保相关要求得到落实。

8.1.4 由变频和调压电源供电的电机要求

由变频和调压电源供电的电机要求如下:

(1)按照电机有关标准规定埋入温度传感器,对温度进行直接控制或采用其他有效限制电机外壳表面温度的措施。保护装置动作应能使电机断电。电机和变频器不需一起进行试验。

(2) 电机作为一个工作单元应和变频器、保护装置一起按照 GB/T 3836.1 的有关标准规定进行型式试验。

爆炸性环境隔爆电气设备安装涉及设计、选型、采购、安装等众多环节，人员复杂，用户应当选择有资质或相关经验的人员统筹安排，或委托有资质的机构进行监理，确保设备在爆炸危险场所的安全使用。

8.2　危险场所隔爆电气设备的检查和维护

为使危险场所用电气设备的点燃危险减至最小，在装置和设备投入运行之前工程竣工交接验收时，应对它们进行初始检查；为保证电气设备处于良好状态，可在危险场所长期使用，应进行连续监督和定期检查。初始检查和定期检查通常应委托具有防爆专业资质的安全生产检测检验机构进行，以确保检查的质量，防止由于使用单位自身技术水平不足而留下安全隐患；连续监督检查可由使用单位自己进行，主要确保设备的状态没有发生变化。

如果制造商已对某些检查项目进行了同等的检查，并且安装过程不可能影响到被制造商检查过的那些零部件，就不要求全部的初始检查，例如不要求隔爆型电机内部隔爆间隙的初始详细检查，但是，为方便现场导线连接而拆下的接线盒盖在装配后宜进行检查，但检查的项目可根据具体情况进行精简，例如可以只检查隔爆接合面表面质量、安装后的电气间隙和爬电距离、隔爆接合面间隙、紧固件情况等，对隔爆面宽度、距离等在安装过程中不会变化的尺寸可不做检查。

8.2.1　检查人员

隔爆电气设备的检查和维护应由符合规定条件的有资质的专业人员进行，这些人员应经过包括各种防爆型式、安装实践、相关规章和规程及危险场所分类的一般原理等在内的业务培训，这些人员还应接受适当的继续教育或定期培训，并具备相关经验和经过培训的资质证书。

8.2.2　连续监督和定期检查

1. 连续监督

连续监督应由企业的专业人员按要求进行，并作好相应的检查记录，发现的异常现象应及时处理，监督人员应经过防爆电气相关标准、检查要求等专业知识的培训或学习，了解电气防爆知识。连续监督应包括下列主要项目：

（1）隔爆电气设备应按制造厂规定的使用技术条件运行。对于防爆合格证书编号带有后缀"X"的产品应符合其有关文件规定的安全使用特定条件，这些文件包括防爆合格证书中的说明事项和使用说明书。

（2）隔爆电气设备应保持其外壳及环境的清洁，清除有碍设备安全运行的杂物和易燃物品。

（3）设备运行时应具有良好的通风散热条件，检查外壳表面温度不得超过产品规定的最高温度和温升的规定。设备外面不应覆盖影响散热的材料，也不应涂覆过厚的油漆。

（4）设备运行时不应受外力损伤，应无倾斜和部件摩擦现象。声音应正常，振动值不得超过规定，尤其是电机的外风扇及风扇罩，不应有引起相互剐蹭的变形和凹陷。

（5）运行中的电动机应检查轴承部位，须保持清洁和规定的油量，检查轴承表面的温度，不得超过规定。应当按制造商的建议周期更换轴承，防止轴承达到使用寿命而损坏。

（6）检查外壳各部位固定螺栓和弹簧垫圈是否齐全紧固，不得松动。需要注意，有时螺栓由于锈蚀或磕碰变形而无法拧到底，造成安装到位的假象，实际并没有紧固，所以在检查时，应注意查看弹垫是否被压平。

（7）检查设备的外壳应无裂纹和有损防爆性能的机械变形现象，仅仅表面油漆开裂和散热片的变形不会影响防爆性能，但应注意是否会引起锈蚀或影响散热效果。电缆进线装置应密封可靠。不使用的线孔，应用适合于相关防爆型式的堵塞元件进行堵封，检查时除了检查这些零件是否齐全，还应检查是否安装紧固无松动；制造商出厂时安装的防尘防水的塑料堵件应更换为符合防爆要求的金属堵头。

（8）设备上的各种保护、闭锁、检测、报警、接地等装置不得任意拆除，应保持其完整、灵敏和可靠性。在检查时应检查这些装置的功能是否正常，必要时应进行动作考核；接地线路应注意是否有锈蚀、断线、松散的情况，必要时可测量接地电阻是否超出设计值。

（9）检查防爆照明灯具是否按规定保持其防爆结构及保护罩的完整性，检查灯具表面温度不得超过产品规定值，检查灯具的光源功率和型号是否与灯具标志相符，灯具安装位置是否与说明规定相符。

（10）在爆炸危险场所除产品规定允许频繁启动的电机外，其他各类防爆电机，不允许频繁启动。

电气设备运行中发生下列情况时,操作人员可采取紧急措施并停机,通知专业人员进行检查和处理。

①负载电流突然超过规定值时或确认断相运行状态;

②电动机或开关突然出现高温或冒烟时;

③电动机或其他设备因部件松动发生摩擦,产生响声或冒火星;

④机械负载出现严重故障或危及电气安全。

移动式(手提式、便携式和可移动式)电气设备特别易于受损或误用,因此检查的时间间隔可根据实际需要缩短。移动式电气设备至少每12个月进行一次一般检查,经常打开的外壳(如电池盖)应进行详细检查。此外,这类设备在使用前应进行目视检查,以保证该设备无明显损伤。不应将非防爆的移动式电气设备带入危险区域使用。

2. 定期检查

定期检查可按检查表所示进行相应的目视检查或一般检查。

定期的目视检查或一般检查可能会需要进一步的详细检查,例如拆开盖板检查隔爆接合面表面质量,测量隔爆面参数、电气间隙和爬电距离、接地电阻等。

检查等级和定期检查的时间间隔的确定应考虑设备型式、制造商指南、影响损坏程度的因素、使用的区域和以前的检查结果。在确定类似设备、装置和环境的检查等级和时间间隔时,应该利用这些经验确定检查方案。

造成设备劣化的主要因素包括:易受腐蚀、暴露在化学制品或溶剂中,可能堆积粉尘或灰尘、可能进水、暴露在过高环境温度中、机械损坏的危险、受到激烈的振动、工作人员的培训和经验、未经批准的修改或调整、不适当的维护,例如未按制造商的建议进行维护。

定期检查应委托具有防爆专业资质的安全生产检测检验机构进行,时间间隔一般不超过3年。企业应当根据检查结果及时采取整改措施,并将检查报告和整改情况向安全生产监督管理部门备案。

初始、定期和连续监督的所有结果应记录,以便对设备的使用、维护情况等进行追溯。

8.2.3 维护要求

1. 补救措施和设备更换

所有设备应按要求注明一般条件,必要时应采取一些适当的补救措施。应注意保持设备防爆型式的完整性；这可以要求与制造商协商。更换零部件应按照有关安全文件的要求进行。

安全文件中规定的对设备安全性能产生不利影响的零部件，未经有关部门同意不应进行更换。

应注意避免与制造商降低静电影响的措施发生冲突。

更换照明装置的灯泡时，必须按灯具标志规定的光源功率和型号，否则可能造成温度过高。

透明件的腐蚀、涂漆或遮挡，或者照明装置的安装不正确均能导致温度过高。

2. 软电缆的维护

软电缆、挠性连接管及其终端连接容易损坏，应规定进行检查的时间间隔，发现损坏或缺损则应更换。

3. 停机

如果在维护时必须将电气设备等装置停机，裸露的导线应满足下列条件之一：

（1）正确连接到相应的外壳内，如防爆接线盒内，导线裸露导体应注意与其他导体直接保持绝缘。

（2）与所有供电电源断开，并使其绝缘；不应仅靠绝缘胶带包裹绝缘而不断电。

（3）与所有供电源断开并接地；这种情况下，电源开关处应设置警告标牌，防止误送电造成短路事故。

如果电气设备永久停止使用，与之相关的所有供电电源的导线均应被断开、拆除，或者正确连接到相应的外壳内。

4. 紧固件和工具

在需要特殊螺栓、其他紧固件或专用工具的地方，应备有并使用这些物品。

5. 环境条件

危险场所中的电气设备可能会受到使用环境条件的不利影响，必须考虑一些主要因素，如腐蚀、环境温度、紫外线辐射、水的进入、粉尘或沙粒的堆积、机械和化学作用。例如非金属外壳的电气设备、电缆等应尽量采取防止阳光直射的措施，避免非金属材料加速老化而损坏。有腐蚀性气体存在的场所，避免使用易受腐蚀的轻金属材料制造的外壳。

金属腐蚀或化学物质（特别是溶剂）对塑料或弹性部件的作用可影响到设

备防爆型式和防护等级。如果外壳或部件严重腐蚀,该部件就应更换,更换时应使用原制造商提供的相同材质和规格的部件,或者向部件的原制造商采购。塑料外壳可能会出现外壳整体性能的表面裂纹,如果裂纹已经影响防爆性能,应立即更换。必要时应采用适当的保护涂层对设备的金属外壳进行处理作为防腐措施,防腐措施不应增加静电放电危险或妨碍设备散热。这类处理的频次和方法依环境条件而定。

应验证所设计的电气设备能否承受可能遇到的最高和最低环境温度。

如果防爆电气设备的标志未能标明环境温度范围,则设备宜用于 -20 ~ +40℃的环境温度范围内,如果标明了温度范围,则设备宜用于该范围。

装置的所有部件均应保持清洁,并避免存在可能引起温度上升的粉尘和堆积类似的有害物质。

应注意确保维持电气设备的气候防护性能。损坏了的衬垫应更换,更换的衬垫应使用原制造商提供的相同规格配件,不得随意更换。

抗凝露器件,如呼吸元件、排水元件或加热元件,应对其进行检查以保证正确运行。

如果受到振动应特别注意设备螺栓和电缆引入装置的紧固性。

在清理非金属外壳电气设备时注意避免产生静电,例如应采用湿布擦拭。

6. 维护时设备的隔离

在危险场所打开任何电气设备之前,它应与所有的电源包括中性线隔开,并且采取有效措施以防设备打开时由于疏忽而再通电。

8.2.4 除本质安全型电路之外的装置

(1)内部有非本质安全型带电部件并且安装在危险场所的电气设备,在未与所有输入连接隔离,并且存在零线对地电位情况下与输出线路,包括中性导体隔离时,设备不得开盖,项(2)或项(3)规定的除外。这里隔离的意思是指拔掉熔断器和熔断丝,或断开隔离器、开关。直到有足够的时间使表面温度或储存的电能降至不能引起点燃时,才能打开外壳。

(2)在计划工作所需的时间内,如果对此区域负责的部门或人员能够保证不出现可燃性环境,并对这种情况作出了书面认可,那么在采取常规安全措施后,可以进行必要的裸露带电部件的主要操作。

(3)如果有关的法规和规程允许,对项(1)或项(2)的要求只有在 2 区内才可放宽。如果经安全评估证明满足下列条件,那么在采取常规安全措施后,可以进行操作：

①在带电设备上进行计划的操作不会产生点燃火花；

②电路具有防止产生火花的结构；

③危险场所内的电气设备和关联电路不含有可能引起点燃的热表面。

如果能符合这些条件,那么在采取常规安全措施后,可以进行计划的操作。

安全评估的结果应记录在文件中,其中含有以下信息：

——在带电设备上计划操作的形式；

——评估结果,包括评估时所得到的试验结果；

——评估中要求对带电设备维护有关的任何条件。

设备的评估人员应：

——熟悉所有有关标准、实施法规的要求和现行的说明材料；

——获取进行评估时所需的各种材料；

——必要时,使用与国家检验单位类似的试验设备和试验程序。

8.2.5 接地和等电位连接

应该注意保证在危险场所中接地和等电位连接处于良好状态。

8.2.6 隔爆电气设备的检修

维护时发现隔爆电气设备因外力损伤、大气锈蚀、化学腐蚀、机械磨损、自然老化等原因导致防爆性能下降或失效时,应予检修,隔爆电气设备的检修应按照 GB/T 3836.13 标准进行。经过检修不能恢复原有等级的防爆性能,可根据实际技术性能,按以下原则处理：

(1)降低防爆等级使用；

(2)降为非隔爆电气设备使用。

维护时发现隔爆电气设备结构、参数发生变化,与原防爆型式及设计不符且不能修复的,即判定失效并迅速予以停用更换,例如：

(1)隔爆电气设备外壳严重变形,不能修复的；

(2)隔爆面严重损伤,不能修复的；

(3)隔爆间隙超出国家标准,不能修复的；

(4)隔爆电气设备外壳开裂不符合原防爆型式的要求。

通常,可以根据需求制订指导性强的设备检查计划,各种检查等级的检查项目见表 8-2。

表 8-2 隔爆电气设备 Ex"d"检查一览表

序号	检查项目	检查等级 D	检查等级 C	检查等级 V
1	电气设备适合于危险场所类别,符合批准的设计要求	√	√	√
2	电气设备的铭牌标识清楚,有防爆标志、防爆合格证号	√	√	√
3	不存在未经批准的修改	√		
4	电气设备结构不存在可见的未经批准的修改		√	√
5	电气设备的外壳应无裂缝、损伤	√	√	√
6	电气设备所有的紧固件应完整,防松设施齐全,弹簧垫圈压平	√	√	
7	电气设备隔爆间隙尺寸在允许的最大尺寸范围内	√	√	
8	隔爆面清洁、无损伤及锈蚀	√		
9	电气设备的运动部件应无碰撞和摩擦	√	√	√
10	透明件无损伤,透明件与金属密封垫符合要求	√	√	√
11	电缆引入装置和堵板的类型正确并完整和紧固	√	√	√
12	电动机风扇与外壳和/或外罩之间有足够的间距	√		
13	电气设备外壳表面温度不应超过本设备防爆标志的温度组别	√	√	
14	接线紧固后,裸露带电部分之间与金属外壳之间的电气间隙和爬电距离应符合要求	√		
15	呼吸和排水装置合格	√	√	

注:D—详细检查;C——般检查;V—目视检查。

8.3 隔爆电气设备维修

当隔爆电气设备使用一段时间后,由于使用环境恶劣、日常频繁使用、外部机械碰撞、电气绝缘老化等,出现外壳锈蚀、部件磨损、外壳受损、电气故障等各类故障而导致防爆性能下降或者无法正常使用,如不立即采取修复、修理工作,会导致设备无法工作,甚至有可能引爆环境中爆炸性物质引起爆炸事故。或者有时需要改变设备原有的结构或用途,对设备的外壳进行改造,如果破坏原有的防爆结构或者改变防爆参数,将会留下安全隐患,引起爆炸事故。

基于这种情况,我国根据 IEC 60079—19 修订了国家标准 GB/T 3836.13—2021《爆炸性环境 第13部分:设备的修理、检修、修复和改造》,以指导和规范爆炸性环境用、取得防爆合格证的电气设备的修理、检修、修复和改造的技术要求、工艺方法和检验。本节将结合这一标准,讲解与隔爆电气设备的维修与改造的要求。

8.3.1 修理前的准备

首先,当隔爆电气设备发生故障或损坏后,不得继续使用,应当立即停用,直到通过修复或修理恢复至可使用状态,如果损坏过于严重而无法修复,应当及时更换其他合格设备。

如果设备需要修理,考虑到原制造单位对产品结构的了解程度,尽量由原制造单位进行;如果条件不具备,则需要由其他单位进行维修,应选择具备维修能力的单位,这种能力包括了解国家法律法规对修理或检修的要求,运用国家标准规定的质量体系,具有并指定具有资质的人承担管理责任和管理工作,确保设备修理、检修后符合与用户商定的检定状态。修理人员应注意了解并遵守与设备修理有关的防爆标准和防爆合格证的要求,包括适用于被修设备的特殊使用条件。

修理单位应具有足够的修理和检修设备、相应的必备设备、经过培训的具有要求资质和授权的技工和针对具体防爆型式开展工作的管理机构。

在进行修理前,修理单位应对待修设备的状况进行评定,与用户一起商定设备修理后预期监督状态和要做的修理工作范围。修理单位应当设法从制造商或用户获取设备修理和/或检修必要的信息和数据资料,包括以前进行的修理、检修或改造的资料。修理单位还应具备相关的防爆标准并依据这些标准从事修理工作。

这些修理所需的资料包括与设备有关的技术条件、图纸、防爆型式、运行条件、拆装说明书、以前产品修理历史的摘要等,以便准确地了解和评价。

8.3.2 修理工作

修理的工作包括更换受损零部件、修复零部件、重新机加工外壳、修理受损电气部件、对修理后设备进行检验。

1. 更换

在用备件更换受损零部件时,一般应从制造商处购买新部件,修理单位应保证试验的备件与被修理的防爆电气设备相适应。这些备件包括各类紧固件、透明件、绝缘套管、浇封件、密封件、引入装置零件等。

1) 紧固件

如果更换紧固件,应使用与设备上原来使用的螺栓相同型号、相同直径、相同螺距和长度的螺栓,并且抗拉强度与原设备相同。螺栓头、螺钉头和螺母下面的衬垫、平垫或销锁不应更换,只有原防爆合格证文件中或相关标准有规定的时候才能更换。如果擅自更改紧固件的规格,将会导致螺栓无法正确安装,或者拧入长度不够导致拧紧的力不够,或螺栓过长导致无法压紧,这些都会导致相关盖板紧固性降低,损害防爆性能。因此,修理单位在更换隔爆接合面用的紧固件时,应当根据设备标牌上或防爆合格证上规定的规格进行更换。

2) 透明件

钢化玻璃或塑料材质制成的观察窗玻璃,受损后不应修理而应直接更换。在更换时,应严格按规定的安装方法或工艺进行。如果无法直接向设备的原制造单位购买,也应按技术文件中的信息向零件的原制造单位购买相同规格、相同材料的零件,如更换制造单位,可能需要进行补充的检验。如果透明件是采用粘结的方式直接安装在外壳上的,修理单位不应自行更换,只允许用制造商规定的配件替换,不允许用溶剂擦拭塑料透明件或其他部件,但可以使用家用洗涤剂。

3) 浇封件

一般情况下,浇封件不视为适合修理的部件,因为存在不同浇封材料的性能差异、浇封工艺的掌握程度差异等多种不确定因素,无法保证修理后浇封件的防爆性能仍满足原设计要求,因此通常直接更换受损的浇封件。

4) 绝缘套管

更换受损的绝缘套管、有浇封结构的过线组等时,同样应当向设备或零部件的原制造单位进行购买,并正确安装和接线,零件额定电压、电流应与原来的一致,应当注意保持安装后的电气间隙和爬电距离。

5) 密封件

如果需要更换对防爆安全、外壳防护有影响的密封件,如引入装置用弹性密封圈、接合面用密封条,应只用备件清单上规定的特殊零件更换或向设备制造商购买,不应随意更换,以免规格、材料等不满足原始设计要求。

6) 引入装置

引入装置的压紧装置受损后应当及时更换,防止防爆结构失效或者破损的零件割伤电缆。如果弹性密封圈失去弹性或变形严重,也应立即更换。密封圈的同心槽应按电缆的实际尺寸用锋利刀具切割,保证切割处的齐整,引入装置的空心垫圈、堵板等零件,应安装齐全,避免丢失或漏装。

7)灯具

如果灯具的灯泡损坏,应使用制造商规定的灯泡类型更换,并且更换后的最大功率不能超过灯具允许的数值。如果灯具有反光镜,应保持反光镜的位置,或者保持灯泡和观察窗透明件之间的距离。

灯座损坏后,应使用制造商规定的灯座更换。如果不能用制造商规定的灯座更换,可以使用经过有资质人员建议的符合设备防爆型式专用标准的灯座更换。

如果镇流器损坏,仅应采用制造商规定的扼流圈和电容器更换,如果不可行,可以使用经过有资质的人员检验的符合设备防爆型式专用标准的部件更换。

8)电池

在使用电池的情况下,应遵守制造商的建议,不得变更电池的种类、容量、连接方式等。

2. 修复的工艺

如果设备外壳已经损坏,需要去除或增加材料时,例如打磨锈蚀的隔爆面或外壳,在磨损的转轴上镶套等,应最大限度地减少金属的切除量,以刚好去掉要求修理的部分为准,且镀层厚度应符合所使用技术规定的最低值。工艺规则认为,如果去掉的金属厚度,对金属喷涂不大于2%,焊接不大于20%,则不会对元件的强度造成明显不利影响。在材料厚度要去掉很多的情况下,只有咨询制造商后,方可进行,如果找不到制造商,要通过计算,确认去掉的材料对结构强度造成的影响。

修复的工艺可分为增加材料和去除材料,增加材料的工艺有金属喷涂法、电镀法、镶套法、硬钎焊和熔焊法、金属压合法。去除材料的工艺则为重新机械加工法。

1)金属喷涂法

当被修复零件喷涂前的磨损或损坏程度,加上修复所必需的机械加工对强度造成的总影响不超过安全限制时,应采用此种工艺。当计算强度时,不应计入为增加刚度而喷镀的金属层。当然,在金属喷涂作业之前的机械加工可能引起应力上升,会进一步削弱元件机械强度。需要注意的是,如果部件线速度超过90m/s,不建议采用金属喷涂法。

金属喷涂是一种用熔融金属的高速粒子流喷在基体表面以产生覆层的材料保护技术。金属喷涂的特征是:工件尺寸无上限,基体受热一般不超过

200℃,覆层与基体间的附着力可高达 7MPa。喷涂后的表面粗糙度可降到 $Ra1.25\mu m$,加工后可到 $Ra0.16～0.04\mu m$。但电弧法喷出的涂层表面较差,经加工后可达到一般精密工件的水平。

喷涂时应用得最多的金属材料是锌、铝和铝锌合金,主要用以保护钢铁的大型结构件。喷涂铝比喷涂锌更适用于在恶劣的工业气氛和海洋大气中工作的构件,同时铝还具有耐磨、抗高温氧化和抗含硫化合物气体腐蚀的性能。

机械工业中常用的是电弧喷枪,适用于金属线材喷涂。火焰喷枪适用于金属线材以及金属陶瓷和难熔氧化物喷涂。等离子弧喷枪和等离子喷焊适用于各类粉末的喷涂。电弧和火焰喷枪用于一般防蚀和修复,其中用于喷涂锌和铝的,每小时可喷出200kg以上;用于其他功能性的,如覆层要求致密、附着力要求高的,多采用高能等离子喷涂和真空高能等离子喷涂。爆涂设备的喷粒速度可达 2～3 倍声速,适用于金属,特别是金属陶瓷和难熔氧化物喷涂。

为保证获得经济而优质的金属喷涂层,除适当选择喷涂方法和喷涂材料外,喷前、喷后处理也是必要的步骤。为了提高附着力,功能性金属喷涂前常需要进行喷粒处理,再加喷涂结合性层(镍、钼等),或者在待喷涂表面上车制螺纹或开槽,继以喷粒处理或喷结合性涂层。喷后对喷涂层进行质量检验,并进行必要的封闭处理和相应的精加工。

2)电镀法

只要被修复零件仍有足够的机械强度,就可采用电镀法进行修复,通常的电镀工艺有镀铬和镀镍,其工艺程序在 GB/T 11379—2008 和 GB/T 12332—2008 中有详细的规定。需要注意的是,对隔爆面采用这种工艺时,需要注意镀层对隔爆接合面参数的影响。

3)镶套法

有时轴类的零部件长期高速旋转会造成接触部位磨损,例如电机的转轴上隔爆面被磨损造成隔爆间隙加大,此时应当及时对这些受损部件进行修复。针对轴类结构的特点,可以采用镶套的方法,在受损部位外部镶嵌一个套管,然后将套管加工到该部位设计的原始尺寸,达到修复的目的。在镶嵌时,由于不可能等到磨损很严重时才进行修复,因此,为了保证镶套后还能加工到原有尺寸,一般都需要对零件受损部位去除一些材料,然后再镶嵌套管,套管应当有足够厚度,以保证有加工裕量,如果套管过薄,可能无法进行加工,或者由于镶嵌都是过盈配合,单薄的套管会被安装应力撑坏。在修复时,需要注意的是,在不考虑增加的套管刚度时,受损部位的机加工对结构强度的影响不能超过安全限值。

注意不能增加额外的有效火焰通路,套应可靠固定,不能仅靠过盈配合固定。

4)硬钎焊和熔焊法

有时,零件只是局部位置受损,例如铸件由于应力产生的裂纹、金属表面腐蚀产生的凹陷等,这种情况只需要对受损的局部及周围少量区域进行修复,可以根据受损零件的材料、结构、使用要求等,选择合理的修复工艺,例如手工金属焊、熔化氩弧焊、钨极惰性气体保护焊、在助熔剂层下的金属极惰性气体保护焊、焊丝熔焊等。无论采用何种钎焊工艺,都应当保证焊料与母体适当渗透和熔接,必要时还要进行时效处理,防止变形、消除应力;焊接位置要无气孔等缺陷。同时还应当考虑焊接会使零件温度升高并导致疲劳裂缝的可能延伸,必要时要采取一定的降温措施,防止焊接温度传递到零件其他部位。

5)金属压合法

如果是有相当厚度的铸件产生的裂纹,也可采用金属压合法进行修复,用镍合金填塞缝隙然后压合密实,这一方法无须进行加热,表面修复方便,操作方便,工作量小。

6)重新机械加工法

如果设备的表面磨损或者损坏,可以重新对其机械加工进行修复。但是需要确保重新加工不会削弱零件的机械强度导致超出安全限制,例如不会导致外壳过薄而不能承受爆炸压力;保持外壳的完整性,不会由于重新机械加工而破坏外壳结构;达到要求的表面粗糙度,不能重新加工后导致表面不符合原设计要求,例如用手工打磨的方式去除隔爆面上的锈蚀层,会导致隔爆面粗糙度过大,并且平面度也无法达到设计要求。

3. 紧固件螺孔修复

由于经常拧入拧出紧固螺栓,或者由于腐蚀、碰撞、螺栓断裂等原因,螺孔会受损或堵塞而无法使用或者达不到预期的紧固效果,应当及时对其进行修复,为确保螺栓的紧固效果,在修复时,可以根据损坏情况的不同,合理选择适合的方法和工艺。常见的有以下几种:

(1)加大钻孔尺寸,重新攻丝。如果仅仅是螺纹磨损,并且隔爆面宽度和距离都有足够的裕量,可以采用最简便的方式进行修复,需要注意的是,攻丝的螺纹精度要满足 GB/T 3836.1—2021 的 9 中对精度和配合尺寸的要求,并且更换的螺栓性能等级和长度应当与原螺栓一致,以保证螺栓啮合的长度、紧固的强度。如果该紧固件不是经常打开,例如水泵电机上的试压孔的螺纹紧固件,也可重新攻丝后安装专用丝堵,这个新安装的丝堵需要经过相应的拉力试验,以确保其紧固的效果满足使用要求。

(2)加大钻孔尺寸,堵死螺孔,重新钻孔并攻丝。如果隔爆面宽度有限,加大螺孔尺寸会导致隔爆面参数不符合设计或标准要求,则可以采用这种方法。需要注意的是,堵死螺孔的材料应当和原材料尽量一致,或者能避免由于材料不同而产生的电化学反应;重新钻孔后堵头有足够的壁厚,不会由于安装而损坏,堵头不会影响隔爆接合面的宽度、距离、间隙。如果隔爆接合面宽度过小,在原位置攻丝无法达到足够强度,也可将原螺孔堵死,在其他位置重新钻孔并攻丝,这种情况下,既要保证原位置符合隔爆接合面的要求,也要保证新位置符合要求。

(3)焊死螺孔,重新钻孔并攻丝。如果隔爆面宽度有限,加大螺孔尺寸会导致隔爆面参数不符合设计或标准要求,并且被修复部位的材质适合焊接,则可以采用这种方法进行修复。在使用这种修复方法时,需要控制焊接处温度的传导,避免焊接引起变形或应力集中,焊接后需重新对周边位置进行必要的机械加工,以恢复到原设计尺寸。

8.3.3 隔爆外壳修理

隔爆外壳如果损坏需要修理,修理用的零部件一般应当向设备的制造商购买,以保证安装尺寸的适合。应当特别注意修理或检修后隔爆外壳的正确安装,确保隔爆接合面符合标准和(必要时)防爆合格证文件的要求,例如紧固卡扣的方向、按钮杆方向等,如果安装错误,将会导致隔爆接合面宽度不够或者安装不到位。如果隔爆接合面上未设衬垫,制造商的文件也未说明接合面的保护(除防护等级),则应用符合 GB/T 3836.15 规定的润滑脂、非凝结性密封复合物或在外部使用非硬化的带子或其他保护方法加以保护,防止隔爆面在使用过程中锈蚀,不要使用树脂或类似材料,防止密封后隔爆外面内部发生爆炸时产生的压力无法释放而造成外壳损坏。

应对部件的腐蚀或破损进行评定,以确保外壳上原有的开孔或间隙不超过表面粗糙度和隔爆接合面间隙限值。

隔爆接合面中不计入隔爆面路径的密封衬垫的替换件,应与原件的材料、尺寸相同。材料的任何改变应征得制造商、用户或防爆检验机构同意。例如,外壳上用于保证外壳防护等级的衬垫,由于其尺寸、材料性能决定了保持防护等级的效果,在产品取证过程中,需要对其进行相应的试验,擅自改变尺寸或材料,都会导致防护性能的下降,可能导致防爆结构失效。

在外壳上钻孔属于改造,不参考制造商的经过鉴定的图纸不得进行改造,或者在特殊情况下,如果制造商终止贸易,改造应经防爆检验机构同意。

需要注意的是,在维修时,进行改变表面粗糙度、涂漆等会改变设备散热性能的作业时,应当考虑对外壳表面温度产生影响而影响温度组别的可能。

1. 过压试验

当修理涉及外壳结构或修理后外壳的完整性不确定时,应进行过压试验。

试验应采用防爆合格证文件中规定的1.5倍的参考压力至少保持10s。如果没有规定参考压力,Ⅰ类设备的试验压力为1000kPa,ⅡA和ⅡB类设备为1500kPa,ⅡC设备为2000kPa。合格/不合格的判据应包括对结构上出现的损坏的评定,测量外壳表面的几何中心。过压试验后,测量隔爆接合面表面,确认不出现永久性损坏。

对于螺纹隔爆接合面,当螺纹牙形不能验证时,应进行过压试验。

当过压试验在电机上或水冷式外壳上进行时,应将水套在大气中进行干燥处理。

2. 隔爆接合面

对于隔爆接合面损坏或腐蚀的修复,应尽可能咨询制造商,只有对接合面的间隙和法兰尺寸影响不超过防爆合格证文件规定时,才可以进行机械加工。如果没有防爆合格证文件,应参考GB/T 3836.13—2021附录D中的程序进行。

平面接合面可以进行焊接、电镀、重新机加工,但是应当在保证元件强度的前提下进行。也可以使用粘结强度大于40MPa的金属喷涂法。

对止口/圆筒接合面进行机械加工时,若对外圆进行机械加工,需要同时对内圆增添金属和机械加工,反之亦然,以保证隔爆面尺寸符合设备标准和必要时防爆合格证文件的规定。如果只有局部损坏,可以通过增添金属和重新机械加工,使之恢复到原出厂。允许通过电镀、镶套、焊接增添金属,但不宜采用粘结强度小于40MPa的金属喷涂法。

引入装置的外螺纹部件不建议修复,需要用新部件更换,损坏的内螺纹可以用焊接工艺增添材料,然后重新机械加工恢复尺寸。

3. 轴和轴承室

轴和轴承室,包括隔爆接合面,可以采用电镀、金属喷涂、镶套或焊接(手工金属焊接除外)进行修复,修复后机加工的火焰通路长度应符合设备标准或防爆合格证文件的规定,如果没有防爆合格证文件,则应参考 GB/T 3836.13—2021 附录 D 中的程序进行评估后进行。

4. 滑动轴承

滑动轴承表面可以采用电镀、金属喷涂或焊接(手工金属焊接除外)进行修复。

5. 转子和定子

如果采用轻微刮削转子和定子的方法就能消除偏心和表面损伤,那么转子和定子之间的空气间隙不应导致改变压力重叠特性,或不应导致超过电机温度组别而产生较高的外部表面温度。如果不能确定可能存在的不利后果,则修理单位应在采用该工艺之前事先咨询制造商。

经过刮削或已损坏的定子铁芯应通过"铁损试验",以防止出现对温度组别产生不利影响或损坏定子绕组的过热点。

6. 绕组

原来的绕组数据应优先从制造商获得。如果不可能,则可采用仿制重绕工艺,其中部件包括确定绕组连接、导线尺寸、匝数、匝间距、凸缘,还包括确定原来铁芯的电阻。重绕线圈所用材料的绝缘等级应符合相应的绝缘系统。如绝缘等级高于原来绕组绝缘等级,未经制造商同意,不应提高绕组的额定值,以免对设备的温度组别产生不利影响。

绕组修理后应进行必要的检验,包括:在室温下测量每一绕组的电阻并验证;测量绕组和地之间、绕组之间、绕组和辅助设备之间,以及辅助设备和地之间的绝缘电阻。高压和其他特殊设备,还可以增加使用项目。

8.3.4 改造和改动

从安全的角度考虑,不建议对防爆电气设备进行改造和改动,包括改变防爆电气设备原有的用途,应直接更换其他取得防爆合格证的产品。

如果无现成产品或出于其他原因而必须要改造时,没有防爆合格证文件依据和/或未经制造商同意,不得对隔爆外壳的部件进行影响防爆性能的改造,或在特殊情况下,如制造商终止贸易,改造应经防爆检验机构同意。

如果建议的改造将导致设备不符合防爆合格证文件要求,应以书面形式告知用户,并且给用户文字说明。如果进行改造,设备不经评定就不再适合用于爆炸性环境。如果只进行修理而没有附加评定,应去掉防爆合格证标牌,或者明确该设备不再符合原防爆合格证。此外,给用户的报告应清楚地说明改造的设计特性,且未经评定的设备不再适合用于爆炸性环境。该报告不应有合规证明。

对电气设备进行改动或改造时,应制定改动或改造技术文件和图纸,并送防爆检验机构审查,必要时,防爆检验机构应对改动或改造的设备进行重新检验。

隔爆电气设备不应带故障运行,发现故障后应及时采取必要的修理措施,保证防爆安全,这些修理措施应当根据具体故障情况,合理选择,修理单位不应擅自变更被修理部件的结构、材料等,也不得擅自更改设备的用途和结构。在进行修理前,应对设备进行必要的评定并保留相关记录,同时在修理和后续的检验中,也应保留相关的记录和文件,以便对修理工作进行追溯。

8.4 隔爆电气设备常见安装不符合介绍

隔爆电气设备的选型与安装和防爆电气设备的设计一样,是专业性非常强的工作,但是很多使用单位不重视爆炸危险场所防爆电气设备的正确选型与安装,甚至从未经第三方专业检验机构或相关安监部门的全面检查,现场大量地存在着各种不符合 GB/T 3836.15—2017《爆炸性环境 第 15 部分:电气装置的设计、选项和安装》、GB 50257—2014《电气装置安装工程爆炸和火灾危险环境电气装置施工及验收规范》、AQ 3009—2007《危险场所电气防爆安全规范》等防爆场所的安装验收规范。本章将针对在爆炸危险场所防爆电气设备选型与安装检验过程中发现的典型问题进行介绍。

8.4.1 选型不正确

根据第 1 章的介绍,存在不同爆炸危险物质的危险场所应当选择相应防爆等级、温度组别的防爆电气设备,同时还应选择具有与区域类型相适应的 EPL 级别或者防爆型式。但是很多使用单位由于缺少专业的防爆知识,经常错误地选择防爆型式,如图 8-1 所示,将用于煤矿井下的设备使用于 Ⅱ 类爆炸性环境,将非防爆电气设备用于爆炸危险场所,如图 8-2 所示,将相当于 Ⅱ B 防爆等级的设备用于需要 Ⅱ C 等级的氢气环境,防爆电气设备等级、温度组别、EPL 不适用于环境中的爆炸性物质或区域类型。

图 8-1　矿用电磁铁用于 II 类爆炸环境

图 8-2　GROUPS C、D(相当于 II B)设备用于氢气(II C)环境

8.4.2　标识不全

部分使用单位在使用防爆电气设备的过程中,不注意对设备的保养,尤其是设备的标识,认为与防爆性能无关,经常随意处置,导致标牌丢失,无法确认设备信息以及必要的使用注意事项,不能保证设备的正确使用与维护。

8.4.3　进线不符合

使用单位在安装电气设备的时候,不重视进线的规范安装,殊不知防爆电气设备尤其是隔爆型电气设备的电缆引入装置是防爆结构的重要组成部分,引入装置的完整性直接决定了防爆结构的有效性,尤其是隔爆型电气设备,如果内部发生爆炸,火焰将会从安装不到位的引入装置处向外传播,导致周围环境的爆炸。常见的安装不规范主要有以下几种:电缆引入装置未有效压紧密封、不装密封圈、电缆剥线过长成散线穿入、压紧螺母未压紧、一个进线口引入多根电缆、无有效的封堵。这些不规范的安装方式都严重破坏了防爆设备的防爆性能,安装单位和使用单位在安装和维护过程中,应当加以足够的重视。典型问题如图8-3~图8-6所示。

图8-3 无压紧螺母

图8-4 电缆在外部剥线

图8-5 一个引入口进两根电缆

图 8-6 无有效封堵

8.4.4 接地不规范

在 GB/T 3836.1—2021 的第 15 章、GB/T 3836.15—2017、GB 50257—2014、AQ 3009—2007 等标准中,都多次强调了防爆电气设备接地的重要性,除非不要求接地或等电位连接的电气设备(如采用双重绝缘或加强绝缘的设备),或不需要附加接地的电气设备,可不设内、外接地或等电位连接的连接件,其余防爆电气设备均应当设置并采用足够横截面积的接地导线进行连接。然而在现场大量存在着接地不规范的情况。主要有无接地、接地线横截面积不符合、接地位置不正确。

防爆电气设备通常在接线空腔及外壳外部都设置了接地点,而有些使用单位往往只接内接地,而不接外接地,防爆电气设备由于其工作环境的危险性,需要防止外壳意外带电后与其他导电物体产生放电而引起爆炸事故,而内接地在内部不便于检查,外接地就显得尤为重要。也有些使用单位认为低压的仪表使用的是 36V 以下的安全电压,可以不接地,这是一种误解,36V 安全电压只是对人体安全,发生触电事故时不会致人死亡,但其放电产生的电火花能量足以使爆炸性物质(尤其是气体)点燃,因此即使是低压供电的仪表类设备也应进行有效的接地。本质安全型设备应根据设备的具体安装使用要求确认是否需要接地。

防爆电气设备的外接地在外壳意外带电时,需要能承受电源最大电流,因此应当具有足够的载流能力,在 GB/T 3836.1—2021 的 15 章中,对保护导线的最小横截面积作出了具体规定,可见表 8-3。

表 8-3 保护导线的最小横截面积

导线每相横截面积 S/mm^2	对应保护线最小横截面积 S_p/mm^2
$S \leq 16$	S
$16 < S \leq 35$	16
$S > 35$	$0.5S$

有些使用单位虽然考虑到接地,但是未接到专门的接地螺栓上,而是随手在其他螺栓上进行接地,例如隔爆盖板的紧固螺栓上,如图 8-7 所示,这种接法既不能保证接地导线的可靠连接,又破坏了紧固螺栓的紧固作用,使得防爆结构失效,不能保证设备的安全使用。

图 8-7 未正确接地

8.4.5 接线不规范

现场安装时,有时出于铺设的电缆长度不够,或者一根导线分成多根导线等原因,需要在爆炸危险区域内将两根或多根电缆连接,这时需要在相应的防爆接线盒或分线盒内连接或分路。有些使用单位图省事,如图 8-8 所示直接将两根导线连接,或者如图 8-9 所示在穿线盒内采用电缆间直接连接方式分路,这些不符合相关规定。

图 8-8　未采用防爆接线盒直接接线

图 8-9　在穿线盒内接线、分线

8.4.6　擅自改造、破坏

防爆电气设备是制造单位根据常见的功能设计和制造的,而有时使用单位会有特殊的使用要求,或者需要改变设备的用途,例如普通的控制箱需要增加变频调速的功能,这时有些使用单位就会自行对设备进行改造,或者有时为了安装方便直接在外壳上开设引线口,这些都破坏了设备的防爆结构。当使用单位需要改变设备的用途时,应当严格按照相关的标准履行改造的程序,或者购买符合要求的其他防爆电气设备,而不得擅自进行改造。如图 8-10～图 8-12 所示。

图 8-10　自行在外壳上开孔

图 8-11　自行在增安外壳上增加有触点的仪表

图 8-12　自制电缆引入装置压盘

8.4.7 设备腐蚀损坏

很多的防爆电气设备在露天或者有腐蚀性物质的环境中使用,长期使用,难免会产生腐蚀、老化等,如图 8-13 所示,如果不及时更换、修复,将严重降低设备的安全性能。

图 8-13 隔爆外壳严重腐蚀

8.4.8 设备维护不到位

在日常的维护中,有些使用单位的人员防爆知识不够,不能正确地维护防爆电气设备,经常不规范操作,常见的就是防爆电气设备的防爆接合面紧固螺栓数量不齐全,降低了防爆安全性能;自行在隔爆接合面上增加防水橡胶垫、涂油漆等,破坏了隔爆结构。如图 8-14~图 8-16 所示。

图 8-14 隔爆盖板缺紧固螺栓

图 8-15　隔爆接合面自行增加橡胶垫

图 8-16　隔爆接合面紧固螺栓未拧紧

防爆电气设备的选型与安装是专业性较强的工作，通常来说，由于设计均由专业的设计单位进行，选型一般不会有问题。但是安装工作经常由普通电工，甚至是非专业电工人员进行，往往出现很多不符合标准或者设备使用要求的情况，因此，建议具有爆炸危险场所的使用单位对相关的安装、维护、使用人员进行必要的防爆知识培训，以保证防爆电气设备的安全运行。

本章思考题

1. 对设备的检查可分为哪几种形式？主要检查内容有哪些？
2. 隔爆型灯具在安装使用时需要注意哪些事项？
3. 隔爆型电动机在安装使用时需要注意哪些事项？
4. 隔爆外壳维修时，可采用哪些修复工艺？其特点如何？

5. 隔爆外壳的紧固件螺孔如何修复？
6. 隔爆接合面可采用哪些方式修复？
7. 常见的安装不符合有哪些？

参考文献

[1] 张显力. 防爆电器概论[M]. 北京:机械工业出版社,2008.

[2] 解立峰,余永刚,韦爱勇,等. 防火与防爆工程[M]. 北京:冶金工业出版社,2010.

[3] 中煤科工集团上海研究院检测中心. 煤矿电气防爆技术基础[M]. 徐州:中国矿业大学出版社,2012.

[4] 曾攀,雷丽萍,方刚. 基于ANSYS平台有限元分析手册:结构的建模与分析[M]. 北京:机械工业出版社,2011.

[5] 王丽娟,商勇,徐毅. 基于ANSYS的隧道结构变形和受力分析[J]. 科技信息,2012(20):139-140.

[6] 王文斌. 机械设计手册:第3卷[M]. 北京:机械工业出版社,2005.

[7] 钱松. GB 25286爆炸性环境用非电气设备系列标准探讨[J]. 电气防爆,2012(4):39-40.

[8] 钱松. 铝合金外壳的抗冲击试验结构分析[J]. 电气防爆,2013(1):42-44.

[9] 龙再萌,钱松. 基于ANSYS的隔爆外壳强度设计[J]. 电气防爆,2013(4):23,31.

[10] 钱松. 点燃源危险评定浅析[J]. 电气防爆,2014(3):35-37.

[11] 钱松,李斌. 爆炸危险场所防爆电气设备选型探讨[J]. 电气防爆,2016(2):39-42.

[12] 钱松,倪春明. 矿用隔爆型电气设备的外壳强度设计探讨[J]. 煤矿机电,2006(6):30-33.

[13] 李云兴. 新型铝合金添加剂在铝合金铸造中的应用[J]. 铸造技术,2011,32(9):1332-1333.

[14] LI Y,ZHAO Q,LIU L. Investigation on the flame and explosion suppression of hydrogen/air mixtures by porous copper foams in the pipe with large aspect ratio [J]. Journal of Loss Prevention in the Process Industries,2022,76:104744.

［15］LI Y,ZHAO Q,CHEN X. Effect of copper foam on the explosion suppression in hydrogen/air with different equivalence ratios［J］. Fuel,2023,333:126324.

［16］陈先锋,高伟,张小良,等. 防火防爆技术［M］. 武汉:武汉理工大学出版社,2020.

［17］杨泗霖,孙金华. 防火防爆技术［M］. 北京:中国劳动社会保障出版社,2007.

［18］伍爱友,彭新,等. 防火与防爆工程［M］. 北京:国防工业出版社,2014.